技工院校“十四五”规划数字媒体技术应用专业系列教材
中等职业技术学校“十四五”规划艺术设计专业系列教材

数字图形设计

冀俊杰 邝耀明 李谋超 许小欣 黄剑琴 主编
王鹤 林颖 姜秀坤 黄紫瑜 副主编
皮皓 孙楚杰 傅程姝 参编

華中科技大學出版社
http://press.hust.edu.cn
中国·武汉

内容简介

数字图形设计是企业 VI（visual identity，视觉识别）系统设计的重要组成部分。本教材以企业 VI 系统设计的思路展开，通过设计企业的 LOGO、IP 形象、办公用品、插画、宣传海报等相关元素，并结合 Illustrator CC 2022 软件工具的使用讲解，突出数字图形设计在日常企业领域中的运用，这也是本教材编写的亮点。

本教材理论内容丰富、逻辑严谨，通过大量优秀案例的剖析与阐释，助力学生构建对数字图形构成和表现的系统认知。本教材重视理论与实践的融合，每一个项目都设有具体实践任务，能够协助学生更好地把握数字图形设计的关键知识点和技能点，并形成系统的数字图形设计能力。

图书在版编目（CIP）数据

数字图形设计 / 冀俊杰等主编. -- 武汉：华中科技大学出版社，2025. 1. --（技工院校“十四五”规划数字媒体技术应用专业系列教材）. -- ISBN 978-7-5772-1604-1

Ⅰ. TP391.413

中国国家版本馆 CIP 数据核字第 20252EJ665 号

数字图形设计

Shuzi Tuxing Sheji

冀俊杰 邝耀明 李谋超 许小欣 黄剑琴 主编

策划编辑：金　紫

责任编辑：段亚萍

装帧设计：金　金

责任监印：朱　玢

出版发行：华中科技大学出版社（中国·武汉）　　电　话：（027）81321913

武汉市东湖新技术开发区华工科技园　　邮　编：430223

录　排：天津清格印象文化传播有限公司

印　刷：武汉科源印刷设计有限公司

开　本：889mm×1194mm 1/16

印　张：9.5

字　数：280 千字

版　次：2025 年 1 月第 1 版第 1 次印刷

定　价：58.00 元

技工院校“十四五”规划数字媒体技术应用专业系列教材
中等职业技术学校“十四五”规划艺术设计专业系列教材
编写委员会名单

总主编

文健，教授，高级工艺美术师，国家一级建筑装饰设计师，全国优秀教师，2008 年、2009 年和 2010 年连续三年获评广东省技术能手。2015 年被广东省人力资源和社会保障厅认定为首批广东省室内设计技能大师，2019 年被广东省教育厅认定为建筑装饰设计技能大师。中山大学客座教授，华南理工大学客座教授，广州大学建筑设计研究院室内设计研究中心客座教授。出版艺术设计类专业教材 180 余本，拥有自主知识产权的专利技术 130 项。主持省级品牌专业建设项目、省级实训基地建设项目、省级教学团队建设项目 3 项。

合作编写单位

（1）合作编写院校

广东省城市技师学院
山东技师学院
中山市技师学院
广州市工贸技师学院
广东省轻工业技师学院
广州市轻工技师学院
江苏省常州技师学院
惠州市技师学院
佛山市技师学院
广州市公用事业技师学院
广东省技师学院
台山市敬修职业技术学校
广东省国防科技技师学院
广东省华立技师学院
广东花城工商高级技工学校
广东岭南现代技师学院
阳江技师学院
广东省粤东技师学院
东莞市技师学院
江门市新会技师学院
台山市技工学校
肇庆市技师学院
河源技师学院
广州市蓝天高级技工学校
茂名市交通高级技工学校
广东省交通运输技师学院
广州城建技工学校
清远市技师学院
梅州市技师学院
茂名市高级技工学校
汕头技师学院
珠海市技师学院

（2）合作编写企业

广州市赢彩彩印有限公司
广州市壹管念广告有限公司
广州市璐鸣展览策划有限责任公司
广州波镨展览设计有限公司
广州市风雅颂广告有限公司
广州质本建筑工程有限公司
广州市金洋广告有限公司
深圳市千千广告有限公司
广东飞墨文化传播有限公司
北京迪生数字娱乐科技股份有限公司
广州易动文化传播有限公司
广州云图动漫设计有限公司
广东原创动力文化传播有限公司
佛山市印艺广告有限公司
广州道恩广告摄影有限公司
佛山市正和凯歌品牌设计有限公司
广州泽西摄影有限公司
Master 广州市熳大师艺术摄影有限公司
广州猫柒柒摄影工作室
四川菌王国科技发展集团有限公司

技工教育和中职中专教育是中国职业技术教育的重要组成部分，主要承担培养高技能产业工人和技术工人的任务。随着“中国制造 2025”战略的逐步实施，建设一支高素质的技能人才队伍是实现战略目标的必备条件。如今，国家对职业教育越来越重视，技工和中职中专院校的办学水平已经得到很大的提高，进一步提高技工和中职中专院校的教育、教学和实训水平，提升学生的职业技能，培育和弘扬工匠精神，已成为技工和中职中专院校的共同目标。而高水平专业教材建设无疑是技工和中职中专院校发展教育特色的重要抓手。

本套规划教材以国家职业标准为依据，以综合职业能力培养为目标，以典型工作任务为载体，以学生为中心，根据典型工作任务和工作过程设计教学项目和学习任务。同时，按照工作过程和学生自主学习的要求进行教材内容的设计，实现理论教学与实践教学合一、能力培养与工作岗位对接合一、实习实训与顶岗工作合一。

本套规划教材的特色在于，在编写体例上与技工院校倡导的“教学设计项目化、任务化，课程设计教、学、做一体化，工作任务典型化，知识和技能要求具体化”紧密结合，体现任务引领实践的课程设计思想，以典型工作任务和职业活动为主线设计教材结构，以职业能力培养为核心，将理论教学与技能操作相融合作为课程设计的抓手。本套规划教材在理论讲解环节做到简洁实用、深入浅出；在实践操作训练环节体现以学生为主体的特点，创设工作情境，强化教学互动，让实训的方式、方法和步骤清晰，可操作性强，并能激发学生的学习兴趣，促进学生主动学习。

本套规划教材由全国 40 余所技工和中职中专院校数字媒体技术应用专业 90 余名教学一线骨干教师与 20 余家数字媒体设计公司和游戏设计公司一线设计师联合编写。校企双方的编写团队紧密合作，取长补短，建言献策，让本套规划教材更加贴近专业岗位的技能需求，也让本套规划教材的质量得到了充分的保证。衷心希望本套规划教材能够为我国职业教育的改革与发展贡献力量。

技工院校“十四五”规划数字媒体技术应用专业系列教材
中等职业技术学校“十四五”规划艺术设计专业系列教材　总主编

教授/高级技师　文健

2024 年 12 月

前言

数字图形设计犹如一座璀璨的桥梁，连接着人类的想象力与现代科技。它不仅仅是在屏幕上绘制美丽的图案，更是一种表达思想、传递情感、解决问题的强大工具。无论是在广告宣传中吸引观众的目光，在影视作品中营造奇幻的场景，在游戏设计中构建逼真的世界，还是在网页设计中提供友好的用户界面，数字图形设计都发挥着至关重要的作用。

本教材以国家职业标准为依据，以综合职业能力培养为目标，以典型工作任务为载体，以学生为中心，根据典型工作任务和工作过程设计教材的项目和学习任务。本教材力求做到理论体系求真务实，编写体例实用有效，体现新技术、新工艺和新规范。同时，将岗位中的典型工作任务进行解析与提炼，注重关键技能的培养和训练，并融入教学设计，应用于课堂理论教学和实践教学，达到教材引领教学和指导教学的目的。

本教材以企业 VI 系统设计的思路展开，通过设计一系列相关企业元素，结合 Illustrator CC 2022 软件工具的使用讲解，突出数字图形设计在日常企业领域中的运用，作为本教材编写的亮点。项目一是数字图形设计的基础认知；项目二是基本图形的绘制；项目三着重于商业 IP 形象设计、插画、LOGO 设计等领域；项目四是数字图形中的色彩表达；项目五侧重于 3D 效果、风格化设计等；项目六是综合运用；项目七是当下较为流行的 AIGC 平台的介绍及运用，作为教材编写的又一个亮点，以提高整本教材的实用性和前沿性。

本教材的编写得益于山东技师学院的冀俊杰和王鹤老师、中山市技师学院的邝耀明和黄剑琴老师、广东省轻工业技师学院的李谋超老师、阳江技师学院的许小欣老师、广东省城市技师学院的林颖和黄紫瑜老师及江苏省常州技师学院的姜秀坤老师的通力合作。本教材融入了各位数字媒体艺术专业优秀教师的丰富教学经验，希望能够切实帮助技工院校数字媒体艺术专业的学子提升数字图形设计的专业能力。由于编者的学术水平有限，本教材可能存在一些不足之处，敬请读者批评指正。

冀俊杰

2024.10.1

课时安排（建议课时 72）

项目	课程内容	课时	
项目一 数字图形设计概述	学习任务一　数字图形的概念与特性	2	8
	学习任务二　数字图形的表现形式与手法	2	
	学习任务三　数字图形的创意技巧	2	
	学习任务四　遇见 Illustrator（界面认知、新功能）	2	
项目二 数字图形的基本绘制	学习任务一　基础图形绘制	4	8
	学习任务二　形状工具的使用	4	
项目三 数字图形的高级绘制	学习任务一　钢笔工具的使用	4	12
	学习任务二　画笔工具的使用	4	
	学习任务三　形状生成器的使用	4	
项目四 数字图形的色彩表达	学习任务一　渐变工具的使用	4	12
	学习任务二　实时上色工具的使用	4	
	学习任务三　网格工具的使用	4	
项目五 数字图形的效果设计	学习任务一　3D 效果的应用	4	12
	学习任务二　扭曲和变换效果的应用	4	
	学习任务三　风格化效果的应用	4	
项目六 数字图形在数字媒体艺术中的应用	学习任务一　个人名片设计	4	18
	学习任务二　X 展架海报设计	4	
	学习任务三　宣传页设计	4	
	学习任务四　企业办公用品设计	6	
项目七 AI 在数字媒体中的应用	学习任务一　AIGC 平台介绍	2	2

目录

项目一 数字图形设计概述

项目二 数字图形的基本绘制

项目三 数字图形的高级绘制

项目四 数字图形的色彩表达

项目五 数字图形的效果设计

项目六 数字图形在数字媒体艺术中的应用

项目七 AI 在数字媒体中的应用

项目一 数字图形设计概述

学习任务一　数字图形的概念与特性
学习任务二　数字图形的表现形式与手法
学习任务三　数字图形的创意技巧
学习任务四　遇见 Illustrator（界面认知、新功能）

数字图形的概念与特性

教学目标

（1）专业能力：了解数字图形的概念及数字图形特性相关知识。

（2）社会能力：具备赏析数字图形的能力，能够养成审美、辨析、数字图形创新能力，并能够利用数字图形进行创新应用实践，锻炼自主学习、应用能力。

（3）方法能力：能够多看课件与视频，认真倾听，多做笔记；能够多提问，勤学勤动手，课堂上主动承担小组任务，互相帮助，在课后能够主动赏析数字图形。

学习目标

（1）知识目标：了解数字图形相关基础知识。

（2）技能目标：能根据需求进行数字图形的赏析与应用。

（3）素质目标：培养学生记录、总结及应用网络学习资源、自主学习等好的学习习惯，灵活应用变通能力，严谨、细致的学习态度，并培养学生的发现、创新、赏析能力。

教学建议

1. 教师活动

（1）教师讲解数字图形的概念与特性相关基础知识，提问并引导学生回答相关问题。

（2）教师抛出数字图形设计案例，引导学生赏析数字图形案例。

（3）教师抛出设计要求，引导学生完成数字图形设计，并对设计过程进行指导。

2. 学生活动

（1）学生认真聆听教师讲解数字图形的基础知识，了解数字图形的概念与特性。

（2）学生能根据教师抛出的数字图形设计案例，完成数字图形案例赏析。

（3）学生能够在教师的指导下完成数字图形创新设计。

一、学习问题导入

随着工业技术的发展和科技的进步，传统图形设计逐步向数字图形设计方式转变，这样的转变不仅提高了设计师的设计效率，同时也丰富了图形设计艺术表达形式。数字图形设计的出现为高效、精准地实现丰富的设计成果奠定了基础。如图 1-1 所示为数字图形设计效果，画面更精准丰富，表现方式更多样。

图 1-1　数字图形设计效果图

数字图形在企业宣传中占有重要位置。在本次课程中，同学们将学习到数字图形的概念、图形的起源与发展，以及数字图形的独特性、符号性、语言性、准确性和通用性。我们将从数字图形的概念开始，探讨图形从古至今所经历的三个变革时期。此外，同学们还将掌握数字图形的五个特性，为数字图形鉴赏与应用夯实理论基础。在学习数字图形基础知识的同时，同学们需要根据所学的理论知识，绘制数字图形设计稿，在规定时间内完成并交付设计稿。

通过本课程的学习，同学们将掌握数字图形的概念与特性，并能够融合自己的创意思路，为企业绘制出用于宣传的数字图形，从而提升企业影响力，助力企业在行业中脱颖而出。接下来，让我们开始学习数字图形的特性，绘制出一幅充满设计视觉效果的数字图形吧。

二、学习任务讲解

（一）数字图形基础知识

1. 数字图形的概念

数字图形设计，简单来说，是指利用数字技术和计算机工具进行数字图形创作的过程。它是计算机科学、设计艺术和图像处理技术的结合体。随着科技的进步，传统的图形设计已经逐渐转变为数字化的方式，这不仅提高了设计效率，也使得设计成果的表达更为精准和丰富。数字图形以数字方式表示图像信息，能够在计算机内部进行存储、编辑、显示和传输。与传统图形相比，数字图形具有更高的精度、更丰富的色彩表现力和更广泛的适用性，通常应用于广告、网页、动画、电影等多个领域，如图 1-2 所示。

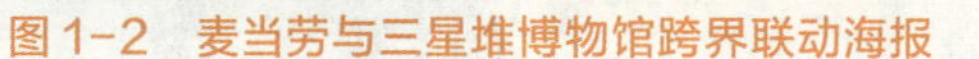
图 1-2　麦当劳与三星堆博物馆跨界联动海报

2. 图形的发展

图形的发展最早可以追溯到远古时期的原始符号，早期的图形是记录人类劳动生活的符号。当我们的祖先在生活的洞穴岩壁上进行刻画时，图形就成了记录生活、联络信息、表达情感和传达意识的媒介。随着时间的推移，图形的这一功能一直延续至今，并随着人类文明的进步与科技的发展而逐步扩展。从古至今，图形的发展经历了三次重要的革命：原始符号演变为文字—造纸术和印刷术的诞生—工业革命。

1）原始符号演变为文字

图形发展的第一次重大演变是原始符号演变为文字。在古代早期，原始符号通常起信息传递、沟通交流的作用，主要用来记录生活、狩猎等场景，常用于人与人之间、部落与部落之间的交流沟通，这一时期的符号带有强烈的图腾崇拜和文化气息。随着人类文明不断进步，人与人之间、部落与部落之间的信息传递量越来越大，原始符号已经满足不了人们的文化交流需求，此时，文字在原始符号的基础上诞生了。文字成为记事和识别信息的重要手段，同时文字的出现规范了原始符号的视觉系统以及使用范围，如图 1-3 所示。

2）造纸术和印刷术的发明

图形发展的第二次重大演变是从汉唐时期造纸术和印刷术的发明与推广开始的。中国造纸术和印刷术的发明为图形的发展做出了不可磨灭的贡献，其助力了图形符号和文字的传播应用，让大量的图形符号和文字得以广泛印刷并广泛传播。在此背景下，图形符号成为具有固定意义的符号和交流媒介，传播范围更广，受众群体更多。中国造纸术和印刷术的发明，促进了欧洲国家文艺发展，催生了文艺复兴，使西方国家的图形设计迎来了变革。

3）工业革命

图形发展的第三次重大演变开始于摄影、制版以及印刷技术的发展。伴随着工业革命的深入，摄影、制版以及印刷等技术的提高，图形的发展迎来了春天。由于摄影技术的发明，印刷制版方式和印刷技术得到较大的提升与革新，越来越多的图形能够基于全新的技术而被广泛传播。工业革命带来的科技革新，让图形逐渐走向世界，逐渐成为一种世界性语言。

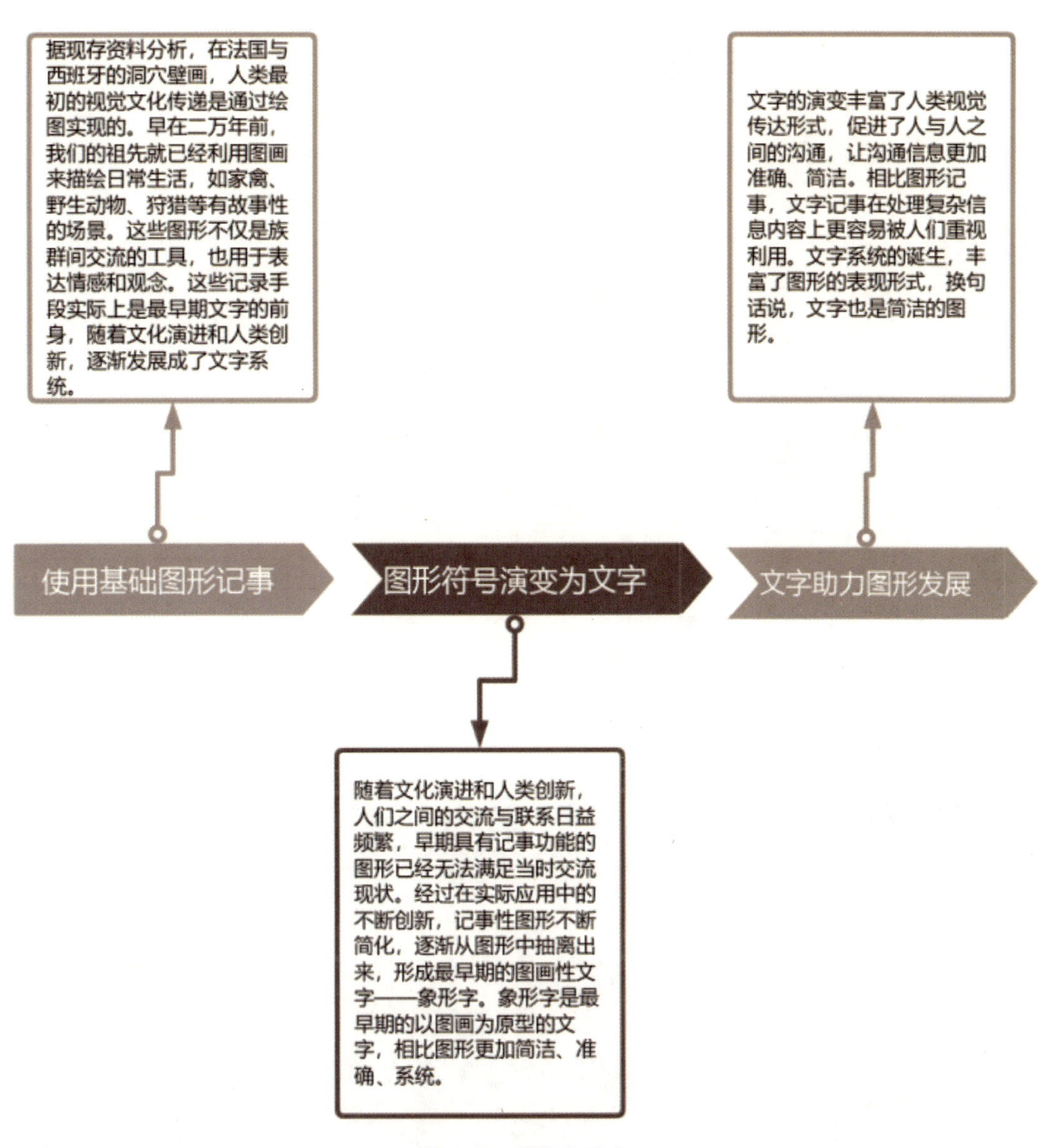

图 1-3　图形与文字

现如今，随着科技的发展和多媒体行业的兴盛，图形的传播已经不再受限于时间与空间，图形传播的载体早已从早期的岩壁、纸张演变成虚拟数字网络，数字图形应运而生。

（二）数字图形的特性

数字图形是一种会“说话”的视觉语言，可以传达情感，表达情绪与思想，具有传情达意的作用。其作为一种拥有独特视觉语言系统的文明产物，具有独特性、符号性、语言性、准确性以及通用性。

1. 独特性

数字图形语言的独特性在于其充分利用了想象力和创造力，深刻地将创新的核心意义以形象化和视觉化的方式展现出来。其创作过程是一个精心设计的流程，主要关注从分析、思考到视觉表现的转变。由于数字图形语言的独特性，它在给人的视觉印象上往往超越了文字语言，甚至有时能打破文字语言的约束。尽管数字图形语言并未像文字语言那样拥有固定的语法结构和书写方式，但它能够根据人们过往的视觉经验，挖掘并传达与主题信息具有潜在联系的元素。可口可乐宣传海报如图 1-4 所示。

图 1-4　可口可乐宣传海报

图 1-5　常州力天企业标识

2. 符号性

数字图形具有独特的符号性含义，它通过特定的形状和结构代表或表达某个事物，其语言形象清晰、简洁且直观，因此在认知心理上具有普遍性。作为传达信息的媒介，数字图形语言的符号性特征是其核心特性。

在艺术设计领域，数字图形的符号性特征以多样的方式显现。数字图形元素常被用作象征，代表特定的意义或概念，帮助观众迅速理解设计的主题或信息。这些元素深深植根于文化背景中，设计师需要了解目标观众及其文化背景，以保证设计能够准确地传达既定意图。同时，数字图形设计元素也能引导观众的视线，影响他们对设计的解读。此外，数字图形设计元素还能传达特定的情绪或感觉，以及表达更为复杂或深层的含义。这些特征并非孤立存在，而是相互关联，设计师需要巧妙地运用这些特征，以创造出具有深度和影响力的设计作品。常州力天企业标识如图 1-5 所示。

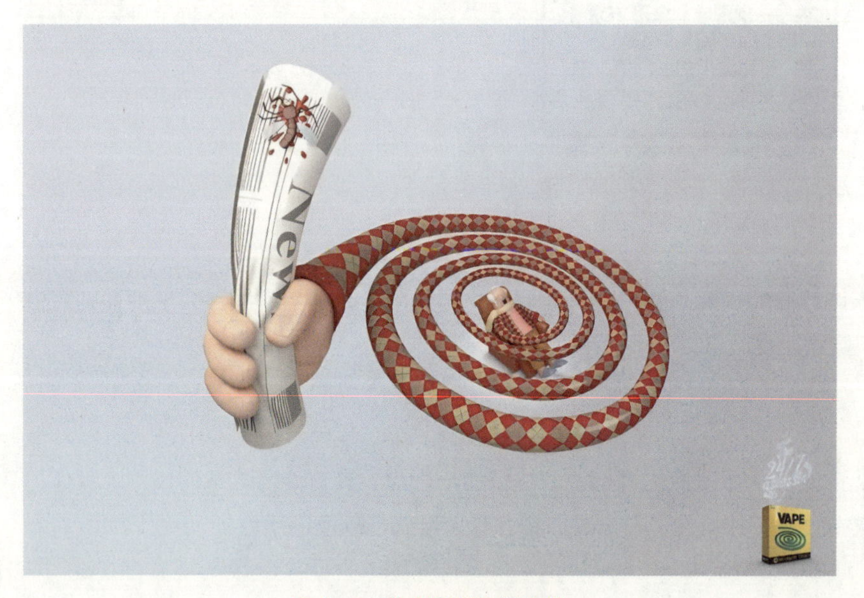

图 1-6　数字图形的语言性

3. 语言性

在艺术设计中，数字图形的语言性特征表现为其以视觉形式传达信息和概念。作为一种通信媒介，数字图形语言利用形状、颜色、线条和纹理等元素，以直观和具象的方式展现抽象的想法和情感。数字图形语言的强大之处在于其跨文化和普遍性，能够跨越语言和地域的障碍，向广大观众传达设计师的意图。此外，数字图形语言也能够引导观众的视线和注意力，从而影响他们对设计作品的解读和感知。数字图形语言的灵活性和多样性使得设计师可以在不同的设计中创造出独特的视觉效果和意义。总的来说，数字图形语言是艺术设计不可或缺的一部分，它赋予设计作品深度和复杂性，同时也增加了设计作品的吸引力和影响力，如图 1-6 所示。

4. 准确性

数字图形的准确性在于它能够通过简洁的数字图形标识，精准地向大众传达其所代表的含义。对于数字图形来说，准确性是检验作品成功与否的关键。优秀的数字图形设计在传播信息的过程中，不仅需要在短时间内吸引观众，传达出所需要表达的信息，更重要的是要确保信息的正能量与真实度。如图 1-7 所示，该组图形是公共场所指示牌，大众可以根据图形准确获取相关信息。

图 1-7　公共场所指示牌

5. 通用性

数字图形的通用性，或者说数字图形的“无国界性”，是指成功的数字图形设计能够跨越民族、国家间的界限，打破语言沟通的障碍，超越文化、语言习惯、地域差异、种族、宗教信仰等多元化因素的限制。而这种无限制的传递方式使数字图形设计成为一种具有极大影响力的国际性交流媒介，让视觉语言建立起一种普遍可接受且易于理解的信息传达方式，有效促进不同文化背景之间的理解交流。如图 1-8 所示为机场公共场所指示图形，其可以跨越国界与种族，有效地传递信息。

图 1-8　公共场所指示牌

三、学习任务小结

通过本次课的学习，同学们已经初步了解了数字图形的概念及数字图形特性相关知识，也知道了图形发展所经历的时期。

四、课后作业

（1）说出并分析数字图形特性。

（2）根据所学的理论知识，为某新能源企业绘制公共区域指示数字图形，在规定时间内完成并交付设计稿。

（3）预习数字图形的表现形式与手法。

数字图形的表现形式与手法

教学目标

（1）专业能力：了解数字图形的表现形式与手法相关知识。

（2）社会能力：具备赏析数字图形表现形式的能力，能够养成审美、辨析以及应用数字图形表现形式与手法的能力，能够利用数字图形进行创新应用实践，锻炼自主学习、应用能力，具备小组间沟通合作能力。

（3）方法能力：课前能够主动查阅课程相关资料，主动自主预习；课中能够多看课件与视频，认真倾听，多做笔记；能够多提问，勤学勤动手，课堂上主动承担小组任务，互相帮助；课后能够主动赏析、辨识数字图形表现形式与手法。

学习目标

（1）知识目标：了解数字图形表现形式与手法相关基础知识。

（2）技能目标：能根据需求进行数字图形表现形式与手法的应用。

（3）素质目标：培养学生记录、总结及应用网络学习资源、自主学习等好的学习习惯，处理信息的能力，灵活应用变通能力，严谨、细致的学习态度，并培养学生的发现、创新、赏析能力。

教学建议

1. 教师活动

（1）教师讲解数字图形的表现形式与手法。

（2）教师引导学生赏析数字图形表现形式相关设计案例。

（3）教师引导学生依据数字图形表现形式与手法绘制主题数字图形设计图。

2. 学生活动

（1）学生认真聆听教师讲解数字图形的表现形式与手法基础知识。

（2）学生了解数字图形的表现形式与手法知识，并根据教师要求赏析相关设计案例。

（3）学生在教师的指导下完成主题数字图形创新设计。

一、学习问题导入

数字图形作为创意与技术的结晶，其表现形式与手法超越了传统图形的边界，运用前沿技术与创新思维，编织出多彩的视觉篇章。如图 1-9 所示为荣耀手机宣传海报，该组设计展现出丰富多样的表现形式与手法，画面既精美又充满感染力。

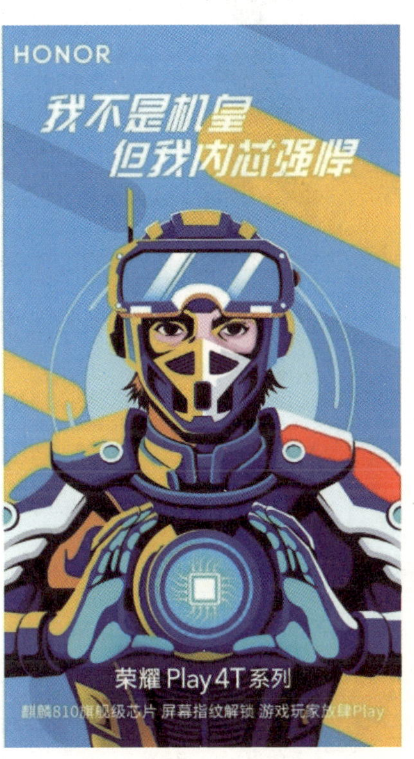

图 1-9　荣耀手机宣传海报

在本次课中，同学们将学习到数字图形的表现形式——点线面构成、几何形态塑造，数字图形的表现手法——错位切割的巧思、重复变异的韵律、对比调和的和谐、虚实结合的意境以及创意联想。我们将从数字图形的表现形式开始，探讨数字图形点线面的构成与几何形态塑造。此外，同学们还将掌握数字图形的五种表现手法，为数字图形展现与应用夯实理论基础。在学习数字图形基础知识的同时，同学们需要根据所学的理论知识，绘制数字图形设计稿，在规定时间内完成并交付设计稿。

通过本次课的学习，同学们将能够掌握数字图形的表现形式与手法，并能够融合自己的创意思路，为企业绘制出用于宣传的数字图形，从而提升企业影响力，助力企业在行业中脱颖而出。接下来，让我们开始学习数字图形的表现形式与手法，并运用数字图形的表现形式与手法，绘制出一幅充满设计视觉效果的数字图形吧。

二、学习任务讲解

（一）数字图形表现形式基础知识

数字图形有它自身的表现形式，从图形符号化的属性来看，数字图形设计的表现形式可以分为点线面构成和几何形态塑造。

图 1-10　vivo 宣传海报

图 1-11　点的装饰

图 1-12　雾霾海报

1. 点线面构成

1）点的表现形式

在数字图形设计的广阔领域里，点、线、面作为构成视觉形象的基石，其多样化的表现形式赋予了设计师无限的创意空间。其中，点以其独特的聚焦特性，成为设计中不可或缺的视觉焦点。设计师通过精妙地调控点的位置、大小、色彩等属性，能够有效引导观者的视线，使观者聚焦于关键信息或元素，如图 1-10 所示，vivo 宣传海报展现出点的视觉聚焦魅力；同时，点也能作为装饰性元素，以分散或密集的排列方式点缀画面，增添细节丰富度与视觉趣味性，如图 1-11 所示，让设计作品更加生动多彩；更进一步，点的不同排列方式还能深刻传达特定的情感与情绪，如图 1-12 所示，雾霾海报中密集的点阵，便巧妙地营造出一种紧张而压抑的氛围，引人深思。对于设计师而言，熟练掌握并运用这些基本元素的表现形式，是创作出优秀作品、创造触动人心的视觉体验的关键所在。

2）线的表现形式

（1）形态与方向：线可以是直线、曲线、折线等，不同的形态和方向能够传达出不同的视觉感受和情感倾向。直线给人以稳定、刚硬的感觉，而曲线则显得柔和、流畅。如图 1-13 所示，画面线条柔和流畅，给人轻松舒畅的心理感受。

（2）分割与引导：线在设计中常被用来分割画面或引导视线。通过合理的线条布局，设计师可以清晰地划分出不同的视觉区域，引导观众按照特定的顺序浏览信息。如图 1-14 所示，线条起到分割画面的作用。

（3）韵律与节奏：线条的粗细、长短、疏密等变化可以形成独特的韵律和节奏，使设计作品更具动感和生命力。如图 1-15 所示，画面在线条的引导下，具有较强的节奏感，更具有生命力。

3）面的表现形式

在数字图形设计中，面作为基本元素，其形态与质感展现着无限的创意可能。面可以是规则的圆形、方形、三角形等，赋予作品秩序与和谐；亦可以是不规则的形状，增添一抹不羁与灵动。通过巧妙地运用色彩与纹理，面能呈现出粗糙、光滑乃至透明的多样质感，深刻影响着观者的感知体验。进一步地，面的重叠、遮挡及透视等手法能够精妙构建出丰富的层次与深远的空间感，使设计作品跃然纸上，立体而生动。最终，这些面的不同

图1-13　可口可乐海报设计

图1-14　线的分割

图1-15　曲线节奏

形状、色彩与质感交织在一起，不仅塑造出视觉上的美感，更深刻地传达出特定的情感与氛围。温暖的色调搭配柔和的质感，营造出温馨舒适的居家氛围；而冷色调与硬朗质感的融合，则让人感受到一种冷峻而严肃的氛围，使人思考与沉静。如图1-16所示为面的表现形式作品。

图1-16　面的表现形式效果图

2. 几何形态塑造

1）三角形

把不在一条直线上的三个点用线段两两连接起来形成的图形被称为三角形。其特征是无论怎么放置，总有倾斜线，从而具有挑战性和紧张感。

三角形是富于变化的，当底边在下面呈水平状时，三角形表现出稳重与安定感；当三角形的底边在上面，而顶点向下时，就会产生动感和不安定感。当三角形处于不平衡状态或无规律状态时，则给人以活跃、随意之感。在具体运用时，需要根据设计需要选择不同的造型、面积及位置。

2）矩形

平面上每个内角都是直角的四边形称为矩形，其特征是水平和竖直。矩形体现出稳定和沉着。矩形常常被应用在建筑物上，规律的排列可使其产生坚固的特征。矩形可以更合理地利用空间，能突出地表现单纯、大方、稳定、端庄的感觉，具有使人产生平静、整齐之感的效果。

图 1-17 “小圆满”伴手礼包装设计效果图

3）圆形

圆形是饱满且富有弹性的图形。其特征是循环曲线，是一条匀称弯曲的、持续不断地运动的线。圆形的性质是温柔、完美，它的特点是展示性强，具有表现力。在设计中，圆形面积大小不同会产生不同的效果。如图 1-17 所示为“小圆满”伴手礼包装设计效果图，作品采用三角形、矩形、圆形等几何形态进行塑造，画面具有较强的感染力和视觉张力。

（二）数字图形表现手法

1. 错位切割

错位切割，顾名思义，是指在图形设计过程中将原有的图形或元素进行切割处理，并改变其原有的位置或方向，使其呈现出一种非对称、非平衡的视觉效果。这种手法通过打破常规的视觉规律，引导观者的视线在画面中流动，从而增强设计的吸引力和表现力。在数字图形设计中，错位切割独树一帜，它非传统地切割图形并将其错位排列，打破视觉常规，赋予静态图形动态感与节奏感，让视线在画面间自由流淌。此法还增强了层次感与空间感，营造立体丰富的视觉体验，吸引观者沉浸其中。同时，错位切割展现了设计师的无限创意与个性，让作品独具特色，脱颖而出。如图 1-18 所示，设计师将海报中的文字、图形等元素进行切割与错位排列，营造出独特的视觉效果和强烈的视觉冲击力，吸引观者的注意力并传达设计主题。

2. 重复变异

在数字图形设计中，重复变异手法通过基础元素的重复排列与适度变异，创造出既统一和谐又富有变化的视觉体验。它利用重复建立视觉连贯性，而变异则作为点睛之笔，打破单调，增添趣味与动感。此手法广泛应用于用户界面、广告及包装设计中，既保持了整体风格的一致性，又通过细微变化吸引观者注意。设计时需注意平衡统一与变化的关系，确保变异适度且合理分布，以符合观者的认知习惯，最终使设计作品具有视觉冲击力与吸引力。如图 1-19 所示，设计师通过重复排列大小相同的图标或按钮，并在其中引入形状和色彩上的变异，增强了界面的趣味性和吸引力。

3. 对比调和

在数字图形设计中，对比调和是关键手法。对比通过形状、色彩等差异强调表现力，突出设计重点，增强视觉冲击力；调和则注重元素间的一致性和协调性，创造平衡和谐的视觉效果。两者相辅相成，对比使设计生动醒目，调和则确保整体和谐统一。灵活运用对比调和，可使设计作品既富有变化又和谐统一，提升视觉层次与吸引力。

图 1-18　错位切割表现手法效果图

图 1-19　重复变异表现手法 UI 设计效果图

4. 虚实结合

数字图形设计中，虚实结合表现手法独具匠心。它巧妙地将实体元素与虚幻元素融合，通过透明度、模糊、光影等手法，营造出层次丰富、空间深远的视觉效果。实体元素奠定基础，稳固设计框架；虚幻元素则增添灵动与遐想，引导观者视线穿梭于虚实之间。此手法不仅增强了图形的表现力与感染力，还赋予设计作品独特的艺术魅力与情感深度，让观者在视觉享受中感受设计的深层意境。如图 1-20 所示的可口可乐品牌宣传海报，画面采用虚实结合表现手法宣传产品，设计画面层次丰富，视觉效果灵动。

图 1-20　可口可乐海报设计效果图

5. 创意联想

数字图形设计中的创意联想手法，是设计师跨越常规界限，将不同元素、概念或情境进行奇妙联结的创造过程。它激发观者的想象力，通过隐喻、象征等手法，将抽象概念具象化，使设计作品富含深意与情感。创意联想不仅提升了设计的表现力，还赋予其独特的个性和故事性，让观者在欣赏中体验思维的跳跃与想象的飞跃。

三、学习任务小结

通过本节课的学习，同学们已经初步了解了数字图形的点线面构成、几何形态塑造，也知道了数字图形的五种表现手法——错位切割、重复变异、对比调和、虚实结合以及创意联想。同时也能够通过案例分析，理解数字图形表现形式与手法的具体应用。

四、课后作业

（1）运用形态联想的方式，在正方形、三角形、圆形这几个最简洁的图形上进行加减法联想，形成新的视觉语言，并赋予其新的含义。

（2）预习数字图形的创意技巧。

数字图形的创意技巧

教学目标

（1）专业能力：了解数字图形创意设计的方法及其要点等相关知识。

（2）社会能力：具备创意设计的专业技能，培养自学习惯和较强的团队意识，树立正确的职业道德观。

（3）方法能力：能认真倾听和消化知识点，仔细做笔记；能手脑并用；能有较强的团队意识，相互帮助；在专业技能领域积极主动实践与总结。

学习目标

（1）知识目标：了解数字图形的相关基础信息与创意设计技巧。

（2）技能目标：能根据需求进行数字图形的创意设计。

（3）素质目标：培养学生发现、总结的学习习惯，引导学生高效利用网络资源、与个人创意相结合，培养学生严谨、务实的学习态度，锻炼学生发现问题、解决问题的能力，陶冶学生的爱国主义情操，引导学生树立正确的职业道德观。

教学建议

1. 教师活动

讲解数字图形创意的基础知识，指导学生完成数字图形创意的实训项目。

2. 学生活动

认真聆听教师讲解数字图形创意的基础知识，了解数字图形创意的设计技巧，在教师的指导下完成数字图形创意实训项目。

一、学习问题导入

各位同学，大家好！如果仅仅掌握了软件的操作要点，是否可以完成一个富有创意和想象力的作品呢？相信同学们内心都有一个统一的答案。在设计领域，缺少不了灵感与创作的技巧，而对于数字图形的设计来讲，它更需要依靠成熟的设计理论和运用设计创意的方法来实现设计作品质的飞跃，如图 1-21 和图 1-22 所示。因此，数字图形创意设计需要通过对艺术设计的理论知识进行分析和研究，结合软件操作的技能与方法，来实现数字图形设计作品的艺术价值。

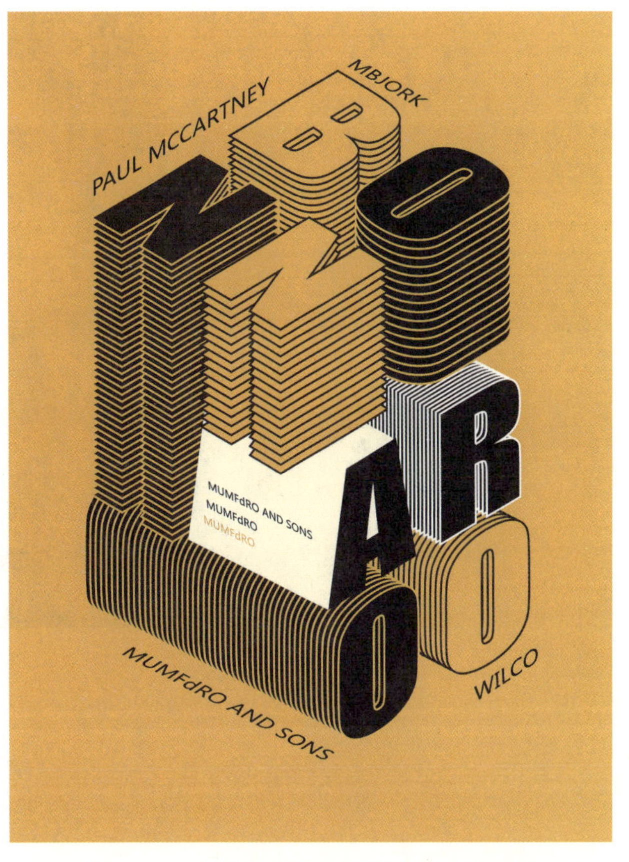

图 1-21　创意数字图形在平面作品中的应用

二、学习任务讲解

（一）数字图形的设计原理

数字图形创意设计是数字媒体技术与艺术创意设计相互融合的一种形式，通过数字媒体艺术与计算机软件技术相结合的手段，把设计师的创意理念和设计思维转化为具有视觉冲击力的数字创意图形。

图 1-22　利用平面设计软件完成的创意作品

数字图形的设计主要包括创意设计、技术支持、视觉传达。随着计算机技术的发展与数字媒体艺术的崛起，数字图形创意设计逐渐成为一种独立的艺术形式。创意设计是数字图形设计的核心，它被广泛应用于广告设计、游戏设计、影视设计等领域。在广告设计中，数字图形创意设计通过创造性的视觉表现吸引消费者的注意力，提高品牌知名度，在一定程度上可以影响产品的销售量，如图 1-23 和图 1-24 所示。在游戏设计中，数字图形创意设计在创建游戏角色、场景和道具中起着重要的作用，为游戏玩家提供丰富的游戏体验。在影视设计中，数字图形创意设计可以用来制作特效、场景和角色形象，为影视画面增添视觉美感。

技术支持指为数字图形创意设计提供计算机软件技术保障。用户可通过使用专业图形设计软件和技术来创建和编辑数字图形，如 Adobe Illustrator、Adobe Photoshop、CDR 等专业的图形设计软件，它们提供了丰富的工具和功能，能够显示和设置图形的各个属性，包括颜色、形状、方向、大小等。而对于较为复杂的图形，还可以使用 3D 功能、制作动画等，以实现更加立体、动态的视觉效果。

视觉传达是数字图形设计的最终形式，通过对数字图形的设计，传达特定的情感和展现独有的风格。其中包括图形、色彩、构图、布局等视觉元素，以符合目标群体的感受与理解能力。

数字图形的设计原理涵盖了从创意设计到技术支持，再到视觉传达的全过程，环环相扣，缺一不可。通过数字媒体技术和创意设计的有机结合，将抽象的概念转化为具有视觉冲击力的图形。随着科学技术的不断进步和社会需求的变化，数字图形创意设计将在未来的设计领域起到更为重要的作用。

图 1-23　麦当劳平面创意作品

图 1-24　可口可乐平面创意作品

（二）创意数字图形的提炼方法

1. 解构重组

解构重组源于后现代主义的创作手法，它是数字图形艺术的重要美学特征。解构重组主要指对设计对象进行分解，然后按照一定的规律进行重构、融合的过程。解构主义艺术始于达达主义和超现实主义的“跨界”美学，将设计对象从不同的角度分解成词语、颜色、形状、纹路、标识等基本元素，这些元素将被二次组合和利用。通过解构重组的方式，设计作品将展现出更为丰富的个性和风格。经过解构重组的组合图形，可以在一定程度上表现设计思维和展现想象力，也可以赋予设计作品更好的情感表达与视觉冲击力。

艺术解构重组需要设计师对设计对象有着深刻的理解和大胆创新的应用。这不是对现有元素的简单拆解，而是通过分解设计对象来深入挖掘其更深层次的文化内涵和审美价值，再根据设计的需要进行重构，以实现设计的创新和突破。将艺术符号与创新思维有机结合，使得设计作品不仅能够体现设计师的个性，也能够让观者产生情感共鸣。这种做法不仅在艺术领域有着深远的影响，也在设计领域得到了广泛的应用，推动了设计的创新和发展。解构重组创意数字图形作品如图 1-25 所示。

图 1-25　解构重组创意数字图形作品

图 1-26　借用代入创意数字图形作品

图 1-27　通用共性创意数字图形作品

2. 借用代入

借用代入通过借用与设计对象有密切关系的目标对象来代入。这种手法在设计领域经常被应用，巧妙地借用特定形象或是特殊符号实现艺术创作，从而提高作品的艺术品质与设计水平。借代不仅是一种语言上的技巧，也是一种视觉体验，它能够让观者读懂设计，感受设计师所传达的设计理念与情感。借用代入创意数字图形作品如图 1-26 所示。

3. 通用共性

通用共性指的是有两种及以上的数字图形具有共通性，其相互影响、相互依存，是缺一不可的状态。二者有机结合将出现和谐、自然的美妙画面。寻求共性是在两个毫无关联的物体之间建立连接的桥梁的有效途径，在设计领域中，该手段经常被设计师作为首要考虑的创作方法。通用共性创意数字图形作品如图 1-27 所示。

4. 逆向思维

逆向思维是对已经存在的观点反转角度进行思考，突破惯性思维而产生的创新性思维。设计师常用逆向思维进行突破并给予设计对象一个全新的形象。逆向思维创意数字图形作品如图 1-28 和图 1-29 所示。

图 1-28　逆向思维创意数字图形作品 1

图 1-29　逆向思维创意数字图形作品 2

图 1-30　伦敦交通局的创意自行车字母设计

图 1-31　日本设计师福田繁雄设计的反战海报

三、学习任务小结

通过本次课的学习，同学们已经初步掌握了数字图形创意的含义、类型和表达方式等相关基本知识，也明白了如何将艺术创意设计与软件技术充分结合，设计富有想象力与个性的作品。同时进一步了解了数字图形创意的提炼方法及应用方式，将知识点融入设计当中。

四、课后作业

（1）简述数字图形的设计原理，并尝试举例分析。

（2）请同学们结合所学的知识，分别分析图 1-30 和图 1-31 所示的数字图形的创意设计思路。

遇见 Illustrator（界面认知、新功能）

教学目标

（1）专业能力：了解 Adobe Illustrator 软件的基本信息及其用途等相关知识。

（2）社会能力：具备软件安装能力，养成细致、认真、严谨的软件操作习惯，锻炼自我学习能力，培养正确的择业观和职业道德规范。

（3）方法能力：能多看课件、多看视频，能认真倾听、多做笔记；能多问多思勤动手；课堂上主动承担小组任务，相互帮助；课后在专业技能上主动多实践。

学习目标

（1）知识目标：了解 Adobe Illustrator 软件的相关基础信息。

（2）技能目标：能根据需求进行 Adobe Illustrator 软件的安装与应用。

（3）素质目标：培养学生记录、总结及运用网络资源、自主学习等好的学习习惯，严谨、细致的学习态度，发现问题、解决问题的能力，引导学生树立正确的择业观和职业道德观。

教学建议

1. 教师活动

讲解 Adobe Illustrator 软件的基础知识，指导学生安装 Adobe Illustrator 软件。

2. 学生活动

认真聆听教师讲解 Adobe Illustrator 软件的基础知识，了解软件的主要功能，在教师的指导下进行 Adobe Illustrator 软件安装实训。

一、学习问题导入

各位同学，大家好！在平面设计中，除了 Adobe Photoshop 软件之外，同学们是否知道还有另一个平面设计软件也被广泛运用？在 Adobe 系列软件中，Adobe Illustrator 软件广泛运用在广告设计、网页设计、书籍装帧设计、包装设计及影视设计等领域。熟悉 Adobe Illustrator 软件操作是踏入设计领域不可或缺的专业技能。常用平面设计软件如图 1-32 ~图 1-34 所示。

图1-32　软件Adobe Illustrator

图1-33　软件Adobe Photoshop

图1-34　软件Adobe InDesign

二、学习任务讲解

（一）Adobe Illustrator 基础知识

1.Adobe Illustrator 软件简介

Adobe Illustrator 是一款矢量图形设计软件，它主要应用于广告设计、平面设计、网页制作、书籍排版设计、多媒体图像处理等领域。它与 Photoshop、InDesign、XD 等平面设计软件相互贯通、无缝衔接，以高效率完成较为复杂的设计项目。Adobe Illustrator 2022 为本教材主要的操作版本，该软件拥有操作简单便捷、逻辑性较强、易上手等优点，软件的部分功能也在不断地更新迭代及完善。Adobe Illustrator 图标如图 1-35 所示。

图1-35　Adobe Illustrator图标

2.Adobe Illustrator 工作界面

打开 Adobe Illustrator 2022 软件，首先映入眼帘的就是 Adobe Illustrator 2022 的主界面，界面暂时只显示了部分的操作功能。点击“新建”按钮，弹出“新建文档”界面（见图 1-36），会出现多种预设的尺寸，也可以在右侧的“宽度”“高度”输入栏中输入自定义尺寸，设置好方向、出血、颜色模式等之后，点击底部“创建”按钮，即可创建出合适尺寸的项目文件。

创建完毕 A4 大小的项目文件后，将可以看到完整的 Adobe Illustrator 软件操作界面，其菜单栏、工具栏、属性栏、面板及画板等区域与 Adobe 其他设计软件都有互通性，软件的操作思路较为清晰明了，让初学者较容易上手，如图 1-37 所示。

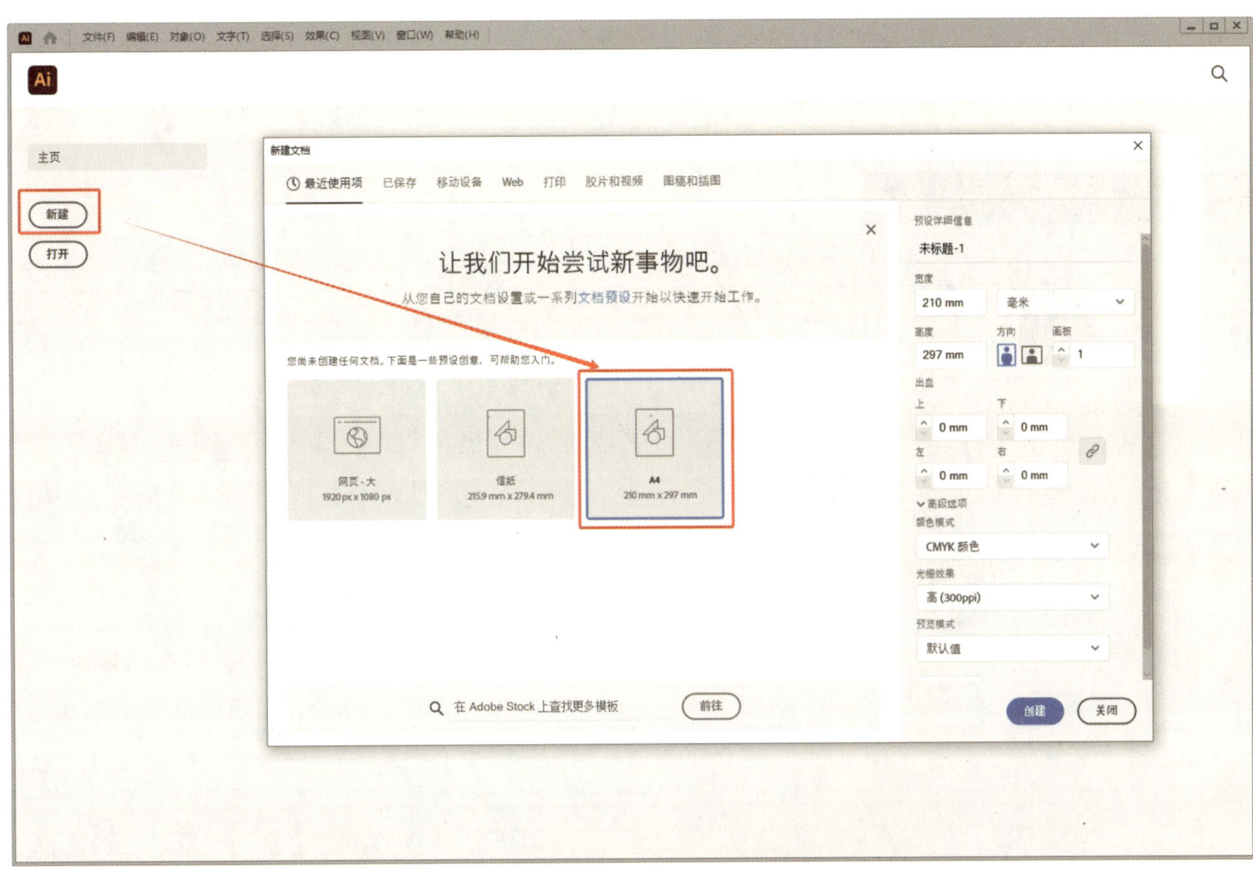

图1-36　Adobe Illustrator 2022软件创建新项目文件界面

图1-37　Adobe Illustrator 2022软件操作界面

（二）Adobe Illustrator 软件的安装、卸载及设置

图1-38　Adobe Illustrator 2022 安装界面

1. Adobe Illustrator 软件的安装

打开 Adobe Illustrator 2022 软件安装包，双击运行“set-up”程序，出现“Illustrator 2022 安装程序”界面，选择“简体中文”，并设置好安装路径，点击“继续”按钮（见图 1-38），并按照指引安装软件。

2. Adobe Illustrator 软件的卸载

在计算机的控制面板中，进入“程序和功能”界面后，选择“卸载或更改程序”功能，点击“Adobe Illustrator”并单击“卸载”，即可完成软件的卸载。

3. Adobe Illustrator 软件的设置

进入 Adobe Illustrator 软件界面后，默认的软件界面颜色为深色，如需更改，可以在菜单栏中点击“编辑”—“首选项”—“用户界面”，也可通过快捷键 Ctrl+K 打开用户界面进行设置，如图 1-39 所示。Adobe Illustrator 软件运行过程需要占据计算机一部分内存空间，如果操作过程中感到计算机卡顿严重，则可以通过更改“首选项”—“性能”选项，设置历史记录状态为 50，如图 1-40 所示。

（三）Adobe Illustrator 软件界面的操作

1. Adobe Illustrator 菜单栏的介绍

Adobe Illustrator 的菜单栏默认位于软件操作界面的顶部，由多个菜单组成，其中包含文件、编辑、对象、文字、选择、效果、视图、窗口及帮助等 9 个主菜单。用户可以根据文字含义大致明白菜单栏中菜单的使用范围及使用方法。

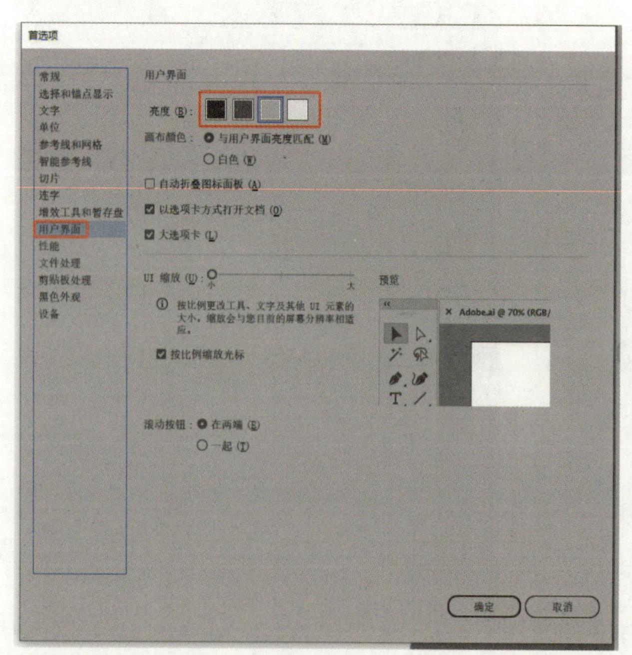

图1-39　Adobe Illustrator 2022 软件界面设置

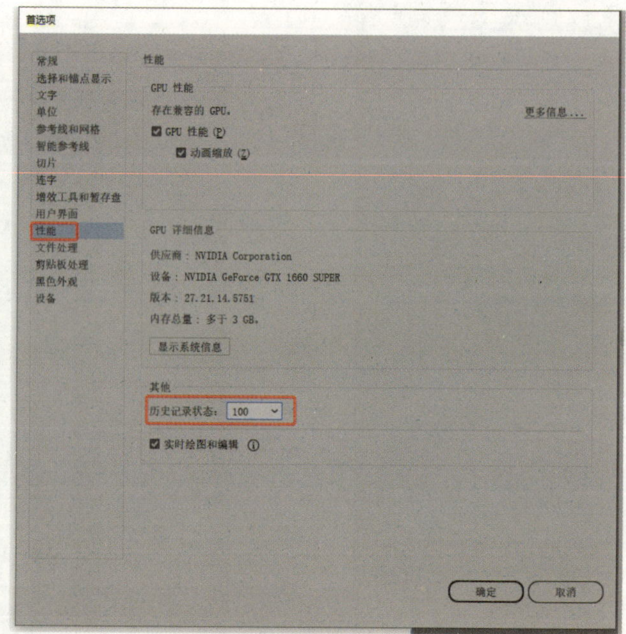

图1-40　Adobe Illustrator 2022 软件性能设置

单击“文件”菜单，将鼠标指针移至命令名称处则会显示为高亮模式，只需单击即可执行该操作命令。在菜单显示栏中，有的出现功能键加字母键的组合，则为该命令的快捷键，用户可以通过键盘操作执行该命令。

2. Adobe Illustrator 工具栏的介绍

Adobe Illustrator 的工具栏默认位于软件操作界面的最左侧，其中包含选择、绘图、调整、编辑、文字、上色等各种常用的操作工具。在部分工具的右下角有一个三角形标记，表示该工具中有隐藏工具（见图 1-41），可以通过长按鼠标左键或点击鼠标右键获得。

在默认的情况下，工具栏都是以基础的模式出现（见图 1-42），但是该模式下工具的功能展示不够完整，可以在菜单栏上通过“窗口”—“工具栏”—“高级”命令进行设置，以显示所有的操作工具，如图 1-43 所示。

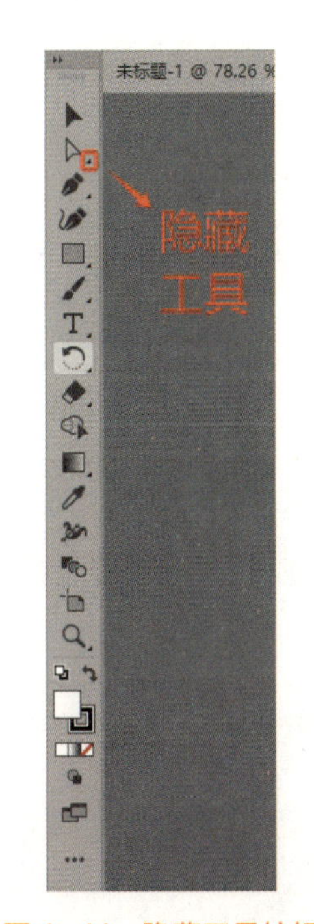

图 1-41　隐藏工具按钮

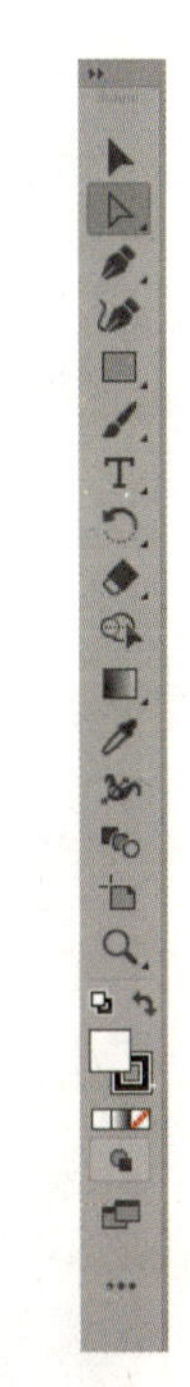

图 1-42　基础工具栏

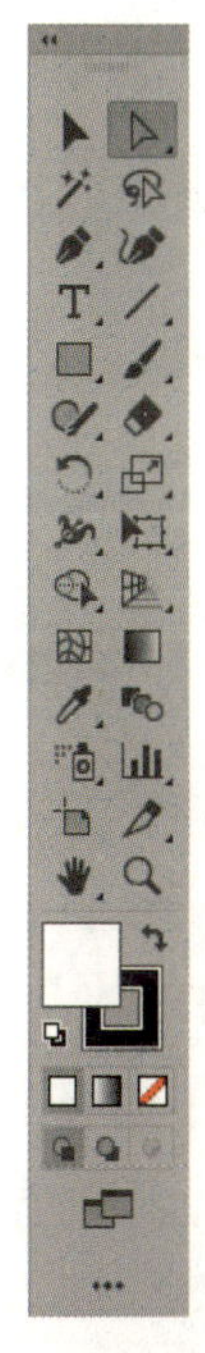

图 1-43　高级工具栏

3. Adobe Illustrator 面板的介绍

Adobe Illustrator 的面板默认位于软件操作界面的最右侧，Adobe Illustrator 中包含许多的面板，且每个面板的操作功能都有所不同。按照用户的使用要求，面板也可通过菜单栏中的“窗口”菜单进行打开或者关闭。

当 Adobe Illustrator 的面板出现缺失功能的情况时，可通过菜单栏“窗口”进行设置，执行“窗口”—“工作区”—“重置基本功能”命令，将软件面板恢复为默认的状态。

4. Adobe Illustrator 画板的介绍

Adobe Illustrator 的画板默认位于软件操作界面的正中央，它占工作界面的面积最多，是使用 Adobe Illustrator 绘制矢量图形的主要区域。

画板的大小指的是新建设计项目时设定的项目尺寸，可以通过工具栏中的“画板工具”对其进行大小、数量及方向等内容的调整，如图 1-44 所示。

当制作多页的项目文档时，可以在当前的文档中添加多个画板。单击控制栏中的“新建画板”按钮，可以添加新的画板，如图 1-45 所示。

图 1-44　工具栏中的“画板工具”可调整画板大小

图 1-45　在控制栏中点击“新建画板”按钮可以添加多个画板

（四）Adobe Illustrator 项目文件的操作

1. 新建项目文件

在Adobe Illustrator中新建项目文件(Ctrl+N),一般有两种设置方法:一是按照软件预设的尺寸进行设置;二是按照项目所要求的尺寸进行自定义设置。执行“文件”—“新建”命令，可以打开“新建文档”对话框，对新建项目的宽度、高度、出血、方向、颜色模式、光栅效果等进行设置，其中设置宽度和高度时应注意单位的变化。

裁切印刷物品的时候，为了不影响主体设计内容或一些重要内容，会留下白边，一般会留出 1~3 mm 的裁切误差，因此，需设置上下左右各 3 mm 的出血位。颜色模式则用于记录图像的颜色，其中 CMYK 模式为印刷模式，RGB 模式为数字图片模式。光栅效果用于设置图片的分辨率，如图 1-46 所示。

2. 打开与关闭项目文件

在 Adobe Illustrator 中打开文件（Ctrl+O），一般通过菜单栏“文件”—“打开”命令，选择正确的文件类型和名称，点击“打开”，即可打开选择的项目文件。

在 Adobe Illustrator 中关闭文件（Ctrl+W），一般通过菜单栏“文件”—“关闭”命令，关闭当前所选择的项目文件。如果文件有修改步骤，则会弹出是否储存当前的项目文件，如需保存则选择“是”，不保存则选择“否”，取消关闭项目文件则选择“取消”。

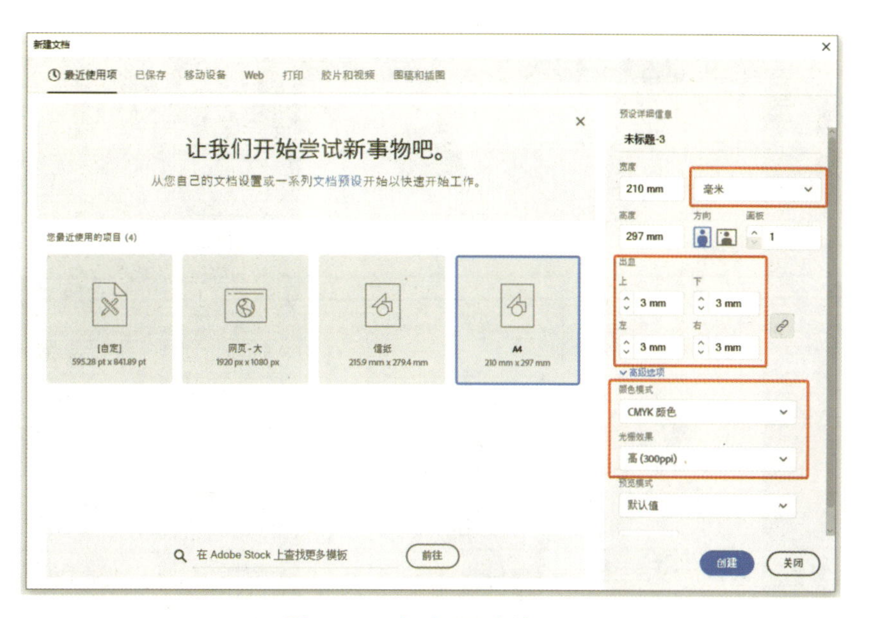

图 1-46　新建项目文件设置

3. 置入与保存项目文件

在 Adobe Illustrator 中，置入素材文件分为链接和嵌入两种模式。

在 Adobe Illustrator 中置入文件（Shift+Ctrl+P），一般通过菜单栏“文件”—“置入”命令，选择所需添加的对象素材，勾选“链接”，置入项目文件中。置入后，项目文件的大小并不会因置入的素材文件有所改变。当置入素材的存储路径发生改变或是被重新编辑时，Adobe Illustrator 会自动进行更新迭代；当源文件被删除或者损坏时，置入的素材文件则无法显示。

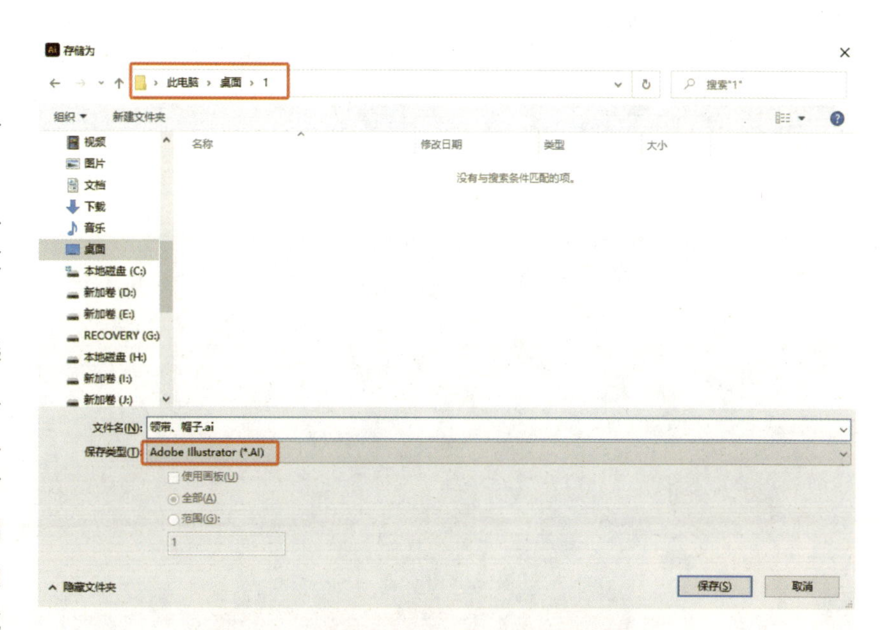

图 1-47　选择合适的路径、格式保存源文件

在置入素材文件时，如果没有勾选“链接”，则以嵌入的模式进行置入，采用该方法置入，如果项目素材被重新编辑或更改路径，该置入素材并不会受到影响，但会改变项目文件的大小。

在 Adobe Illustrator 中保存项目文件（Ctrl+S），一般通过菜单栏“文件”—“存储”命令。如需保存整个项目文件，则可以选择“文件”—“存储为”（Ctrl+Shift+S）保存项目文件，弹出对话框后选择合适的保存路径，并选择“.ai”的文件格式进行保存，该格式为项目文件的源文件格式，如图 1-47 所示。

4. 导出与打印项目文件

在 Adobe Illustrator 中将完成的项目文件导出时，可以导出为 JPG、PNG 等常见的图片格式，一般通过菜单栏“文件”—“导出”—“导出为”，设置好合适的路径、名称、格式以后，点击“导出”按钮即可导出图片文件。

如果导出的文件要运用在网站或移动端 UI 设计上，则可以通过“文件”—“导出”—“存储为 Web 所用

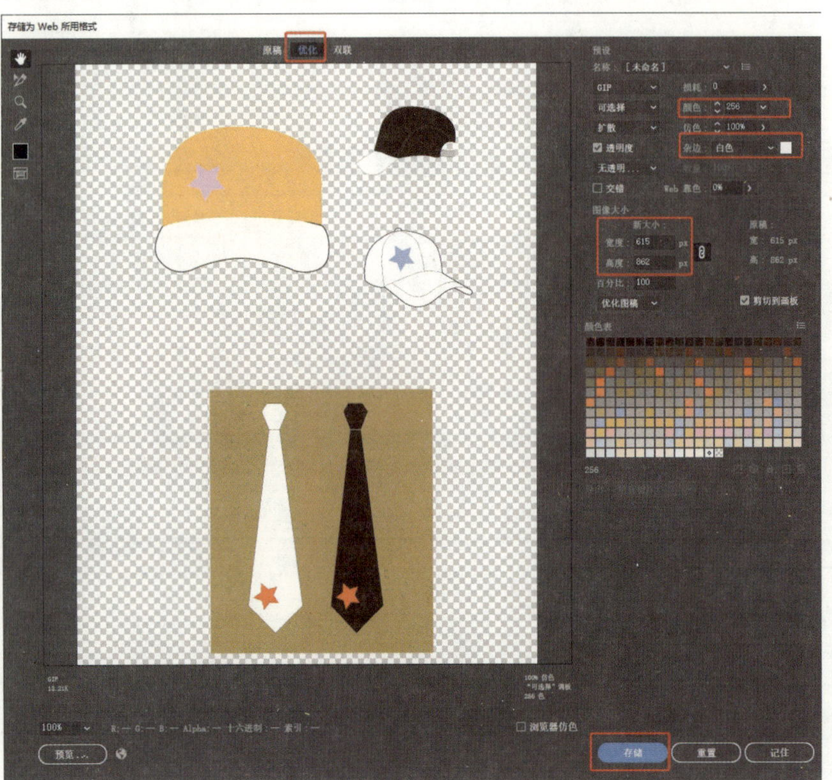

图 1-48　存储为 Web 所用格式的设置

图 1-49　打印格式的设置

格式”命令进行保存，选择“优化”选项，对导出文件的大小、颜色、透明度、杂边等参数进行设置，对优化后的图片可以点击左下角的“预览”进行浏览，确定无误后点击“存储”，如图 1-48 所示。

当完成的项目文件需要打印的时候，可以打开需要打印的文件，执行“文件”—“打印”命令，在对话框中选择预览打印作业的效果，同时可以设置打印份数、缩放等参数，如图 1-49 所示。

（五）Adobe Illustrator 新功能

Adobe Illustrator 可以轻松地将 3D 效果（例如旋转、绕转、凸出、光照和阴影）应用到矢量图稿中，如图 1-50 所示。将类似斜角、膨胀等 3D 类型套用到物件的两面，可以建立对称且造型逼真的 3D 物体。在菜单栏“效果”—“3D 和材质”—“凸出和斜角”中进行设置，可以将物体从 2D 的状态转换为 3D 的状态效果。

在 Adobe Illustrator 中处理 3D 物件和素材时，可以使用自动化 3D 物件阴影对齐方式来设计。当选择菜单栏“效果”—“3D 和材质”—“光源”时，3D 物件的阴影会自动调整以反映物件的形状。“光线追踪”模式下设计会自动调整阴影。

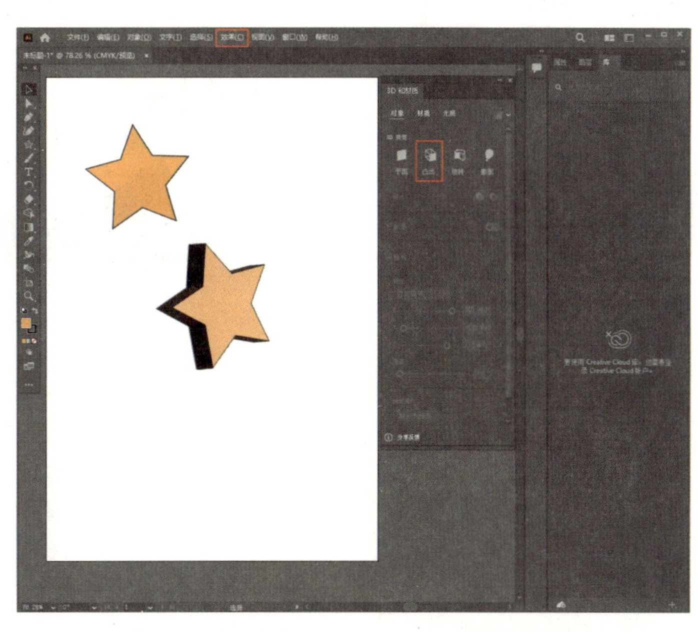

图1-50　Adobe Illustrator 3D 效果的设置

三、学习任务小结

通过本次课的学习，同学们已经初步掌握了 Adobe Illustrator 软件的基本信息及其用途等相关基本知识，也学习了该软件的界面、新增功能及基础操作知识，了解了 Adobe Illustrator 软件在相关设计领域的重要性。

四、课后作业

（1）每位同学在自己的电脑上完成 Adobe Illustrator 软件的安装并进一步熟悉该软件的工作界面与各功能区域。

（2）完成图 1-51 所示的海报的制作。

图 1-51　案例效果图

项目二

数字图形的基本绘制

学习任务一　基础图形绘制

学习任务二　形状工具的使用

基础图形绘制

教学目标

（1）专业能力：熟练使用各种绘图工具，如钢笔工具、形状工具等，精确绘制各种几何图形、不规则图形和复杂的曲线。

（2）社会能力：了解客户的需求和期望，能够与客户进行良好的沟通，准确把握设计方向。

（3）方法能力：在学习 Illustrator 软件的过程中，能够主动探索软件的功能和操作方法，通过实践和尝试不断提高自己的技能水平。

学习目标

（1）知识目标：了解 Illustrator 常见的绘图工具。

（2）技能目标：能根据具体情况，灵活选择不同的绘图工具，完成图形的绘制。

（3）素质目标：培养职业态度和职业道德，通过学习 Illustrator 软件，了解图形设计行业的职业要求和规范。

教学建议

1. 教师活动

讲解 Illustrator 常见的绘图工具，指导学生完成图形的绘制。

2. 学生活动

认真聆听教师讲解 Illustrator 软件的基础知识，灵活选择绘图工具，完成图形的绘制。

一、学习问题导入

树智媒体广告设计有限公司需要一份精心设计的信封和信纸，要求在三个工作日内完成设计并交付。现在，让我们利用 Illustrator 软件的强大功能，完成这个任务。接下来，我们将学习如何使用 Illustrator 的基本图形绘制工具，从简单的矩形和直线开始，一步步构建出公司需要的信封和信纸设计。我们将探索如何进行基础图形的绘制和装饰元素的添加。

设计思路：

作为项目系列设计内容之一，本课任务要求学生在设计树智媒体广告设计有限公司的信封、信纸时，首先确定课程目标，即掌握如何使用基本图形绘制工具，包括线条、形状、颜色和图层的运用。其次，强调实践操作，鼓励学生通过练习掌握基础技能，逐步构建复杂图形。最后，引导学生将所学应用于实际设计项目，如 LOGO、名片和海报设计，以提升设计能力和创新思维。

二、学习任务讲解

（一）基础知识

1. 直线段工具

直线段工具组主要包含 5 个工具，它们分别是直线段工具、弧形工具、螺旋线工具、矩形网格工具和极坐标网格工具，如图 2-1 所示。

使用直线段工具可以非常方便地绘制各种直线，快捷键是“/”。绘制方法是在工具箱中选择直线段工具，在文档中单击鼠标左键作为直线段的起点，在直线段的末点再次单击鼠标左键，结束绘制。按住“Shift”键可以绘制水平、垂直或者 45° 方向的直线。“直线段工具选项”窗口如图 2-2 所示。

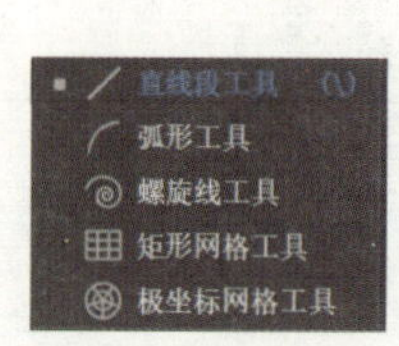

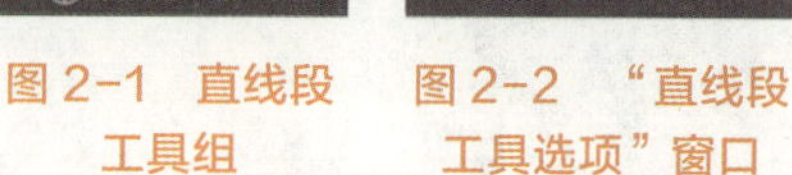

图 2-1　直线段工具组

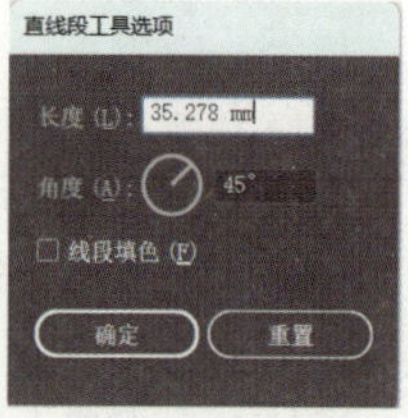

图 2-2　“直线段工具选项”窗口

2. 矩形工具

在 Adobe Illustrator 中，矩形工具是一个常用的基本绘图工具。以下是关于矩形工具的详细介绍。

1）绘制矩形

选择矩形工具：在工具栏中点击矩形工具图标（或按快捷键“M”）。

在画布上点击并拖动鼠标，可以绘制任意大小的矩形。

按住 Shift 键拖动，可以绘制正方形。

若在绘制过程中同时按住 Alt 键，将以鼠标点击的位置为中心向外绘制矩形。

2）圆角矩形

在绘制矩形后，可以在“属性”面板中找到“圆角半径”选项，通过调整数值来使矩形的角变为圆角，如图 2-3 所示。也可以在绘制矩形时，使用直接选择工具拖动锚点的圆角，实时调整圆角半径，如图 2-4 所示。

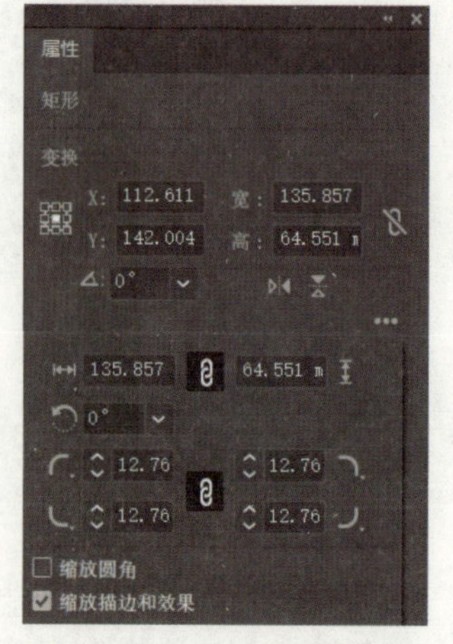

图 2-3　矩形属性面板

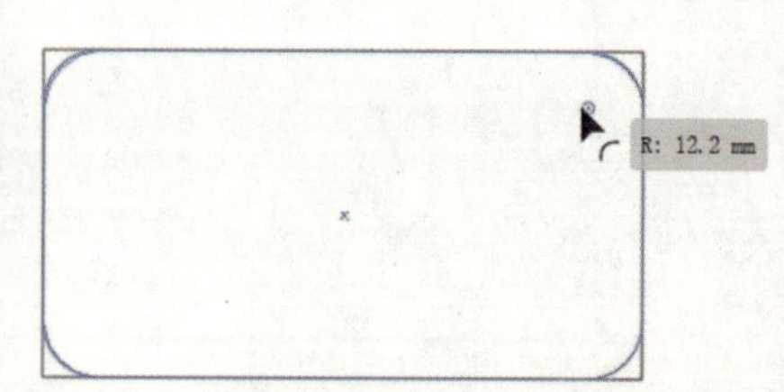

图 2-4　使用直接选择工具实时调整

3. 自由变换工具

自由变换工具可以对图形进行移动、旋转、缩放、倾斜和扭曲等操作。使用选择工具选中要变换的图形，然后点击自由变换工具（快捷键“E”），通过拖动图形角落的锚点来进行移动、旋转和缩放等基本操作。

1）缩放

可以等比例缩放对象，保持对象的宽高比不变。在拖动锚点时，同时按住 Shift 键即可实现等比例缩放。也可以非等比例缩放对象，单独调整对象的宽度或高度，如图 2-5 所示。

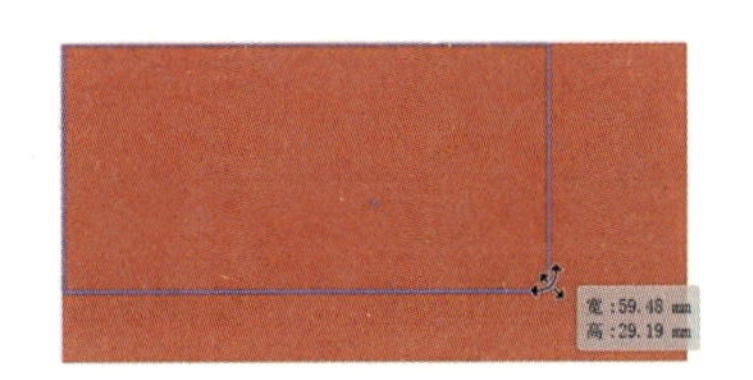

图 2-5　缩放

2）旋转

围绕一个中心点旋转对象。将鼠标指针放在对象外部，出现旋转图标后，拖动鼠标即可旋转对象，如图 2-6 所示。可以通过在属性栏中输入具体的角度值来实现精确旋转。

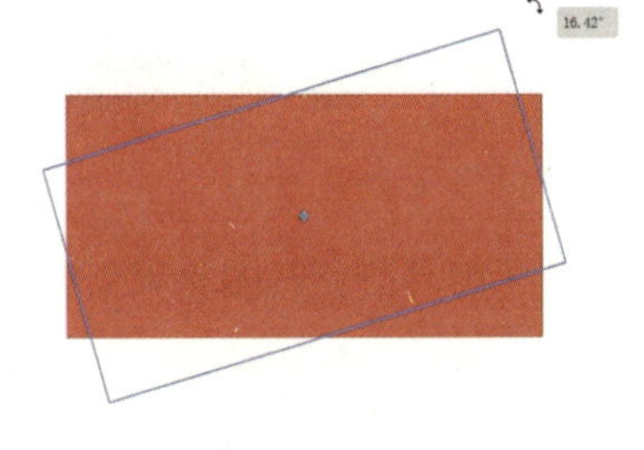

图 2-6　旋转

3）倾斜

使对象产生倾斜效果。选择对象后，拖动自由变换工具的边或角，即可实现倾斜操作，如图 2-7 所示。同样可以在属性栏中设置倾斜的角度。

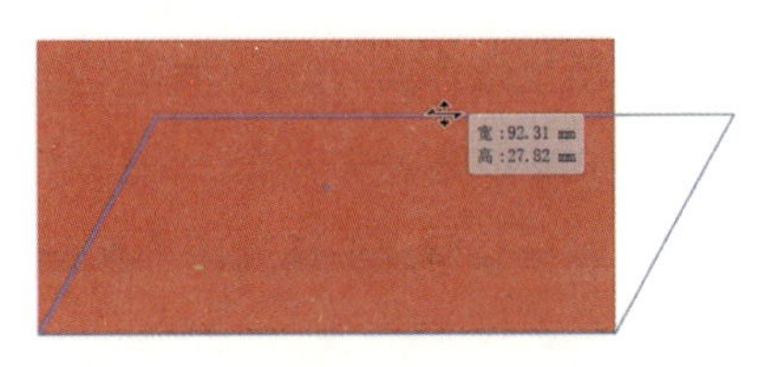

图 2-7　倾斜

4. 对齐

对齐面板是一个非常实用的工具，主要用于对齐和分布对象，面板属性如图 2-8 所示。

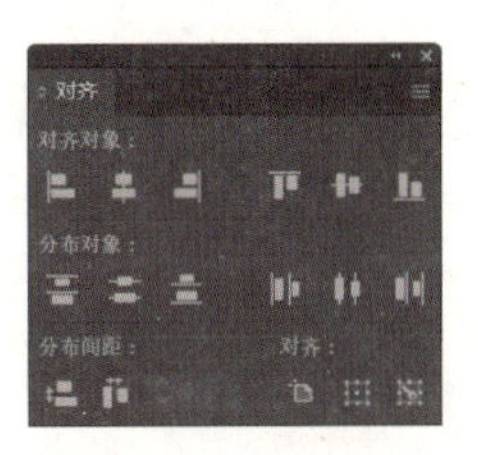

图 2-8　对齐面板

1）对齐对象

水平对齐：包括左对齐、水平居中对齐和右对齐。左对齐会使所选对象的左边框在一条直线上；水平居中对齐会将对象的中心在水平方向上对齐；右对齐则是让对象的右边框对齐。

垂直对齐：有顶对齐、垂直居中对齐和底对齐。顶对齐使对象的上边框对齐；垂直居中对齐将对象的中心在垂直方向上对齐；底对齐让对象的下边框对齐。

2）分布对象

垂直分布：可以实现按顶部、垂直居中或底部分布对象。例如，按顶部分布会使所选对象的上边框之间的距离相等。

水平分布：包括按左边、水平居中和右边分布。例如，按左边分布会让对象的左边框之间的距离相等。

（二）技能综合实训——信封、信纸设计

VI 信封是企业视觉识别系统中的一部分，可以帮助企业传达形象，增强品牌识别度，提升企业信誉度。它通常采用统一的设计风格和元素，与企业的标志、色彩、字体等保持一致。信封和信纸经常用于企业内部通信、商务往来和营销推广等，可以将宣传资料、产品样本等放入 VI 信封中寄送给潜在客户，提高营销效果。

下面我们来设计一套版面简洁的信封和信纸，整体效果如图 2-9 和图 2-10 所示。

（1）新建 Illustrator 文件并命名为“信封”。颜色模式为 CMYK 模式，分辨率为 300 ppi，文档宽度为 297 mm、高度为 210 mm。

（2）选择菜单“视图”—“标尺”—“显示标尺”，标尺将显示在画板的左侧和顶部，使用鼠标点击标尺交叉位置，拖拽到画板的左上角并释放鼠标，此时页面的左上角即为坐标的零点位置。

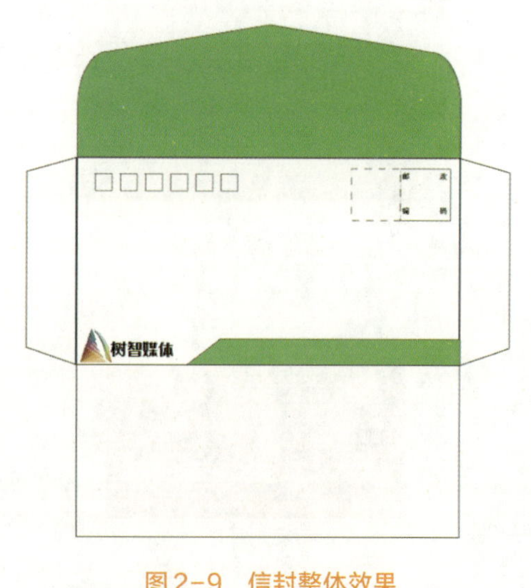

图 2-9 信封整体效果

图 2-10 信纸

（3）绘制信封正面。选择矩形工具，在文档空白处单击，在矩形对话框中输入矩形的宽度为 230 mm，高度为 120 mm。

（4）绘制信封背面。再次使用矩形工具绘制一个矩形，宽度和高度分别为 230 mm 和 100 mm，排列在上一个矩形的下方，使用对齐面板将两个矩形中心对齐。

（5）绘制信封盖子部分。再次绘制一个矩形，宽度和高度分别设置为 230 mm 和 50 mm，排列在最上方，并设置填充色为 RGB（0，255，0）。

（6）使用直接选择工具框选信封盖子部分矩形的两个路径点，向矩形的中心拖拽，此时矩形的顶端变为圆角，如图 2-11 所示。

（7）在工具箱中选择“添加锚点工具”，在信封盖子的顶端中心添加锚点，并将锚点向上拖动，效果如图 2-12 所示。

（8）绘制粘口。绘制矩形，宽度和高度分别设置为 30 mm 和 120 mm，将粘口与信封正面对齐，位置摆放参考图 2-13。

（9）使用直接选择工具选中粘口左侧的顶点，将其向内拖动，使其变成斜角的形状，效果如图 2-13 所示。

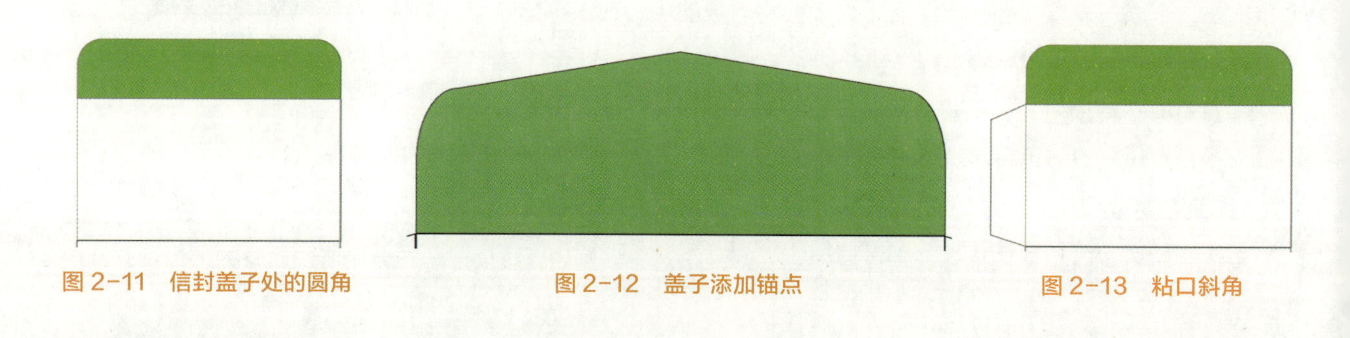

图 2-11 信封盖子处的圆角　　图 2-12 盖子添加锚点　　图 2-13 粘口斜角

（10）制作右侧粘口。选择左侧粘口，在工具箱中找到“镜像工具”，按住“Alt”键在信封正面中心处单击鼠标，确立对称轴，在弹出的对话框中选择“垂直”镜像轴，点击“复制”按钮，就完成了粘口的镜像，属性面板设置参考图 2-14，设计效果如图 2-15 所示。

（11）邮政编码格框。绘制矩形，宽度和高度均设置为 10 mm，并移动至信封正面适当的位置。

（12）选择邮政编码格框，按住“Alt+Shift”键水平向右拖动，完成复制。多次按下快捷键“Ctrl+D”重复上一次操作，完成邮政编码格框的绘制，效果如图 2-16 所示。

（13）邮票粘贴框。在信封正面右上角处绘制正方形，宽度设置为 30 mm。

（14）在左侧复制一个正方形，在“描边”面板中，可以找到“虚线”选项。勾选虚线复选框，开启虚线设置，参数设置如图 2-17 所示，效果如图 2-18 所示。

（15）输入文字“邮票粘贴”。在文字面板调整字距、行距，参数设置参考图 2-19，最终效果如图 2-20 所示。

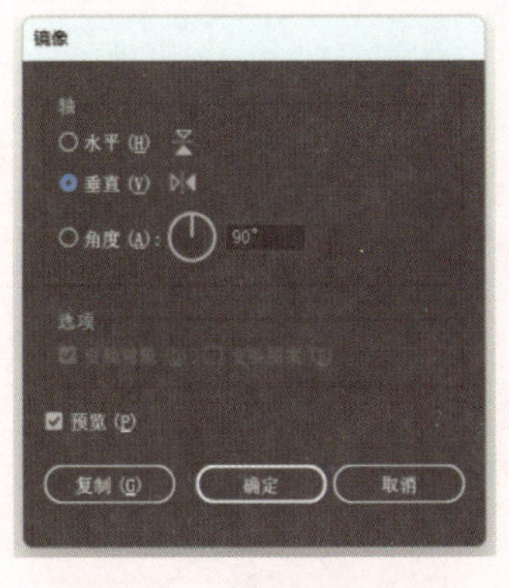

图 2-14 “镜像”对话框

图 2-15 粘口效果图

图 2-16 邮政编码格框

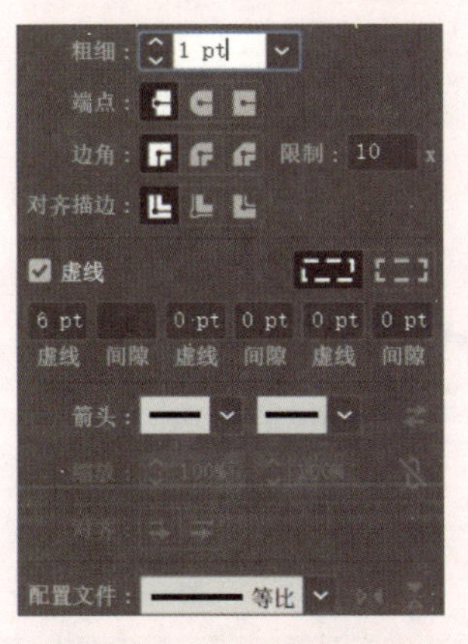

图 2-17 描边设置格框

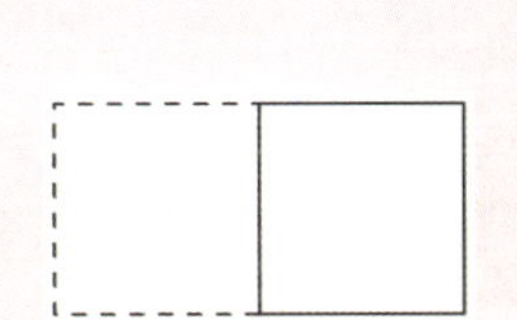

图 2-18 邮票粘贴处

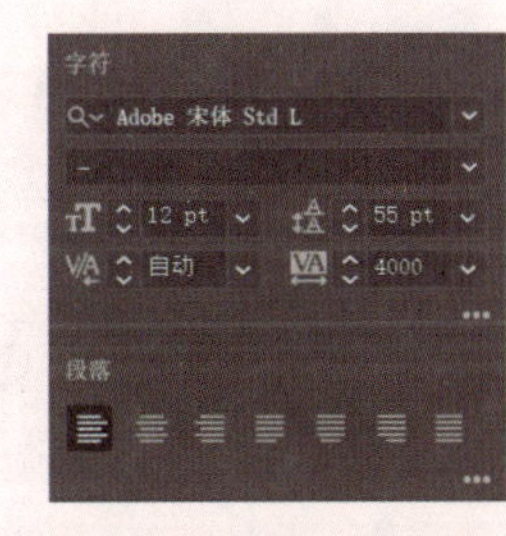

图 2-19 字符设置面板

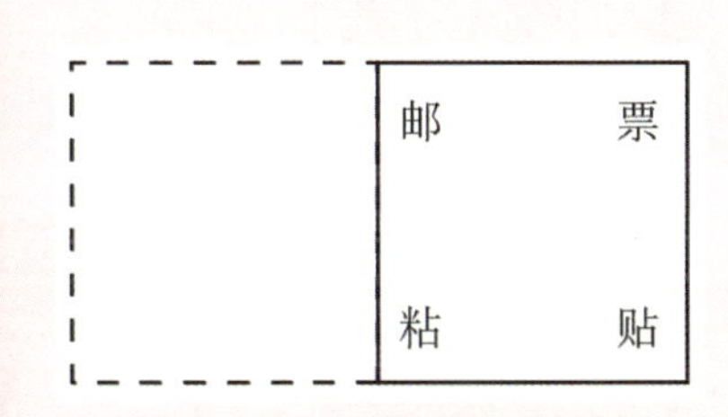

图 2-20 文字排版效果

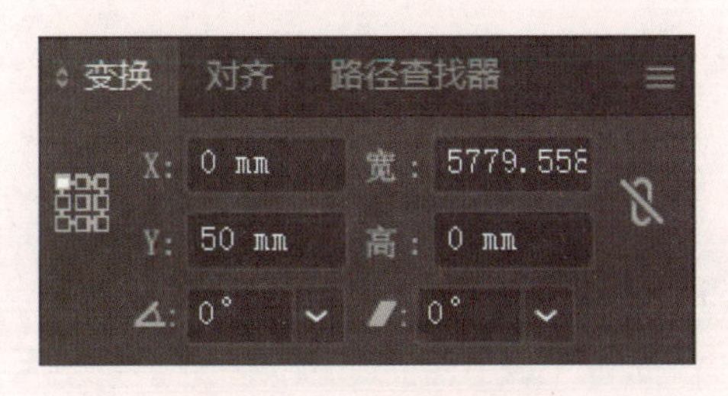

图 2-21 辅助线的定位

图 2-22 信纸天头

（16）置入素材“LOGO.png”，移动到信封正面左下角处。

（17）在信封正面右下角处绘制矩形，填充绿色。使用直接选择工具框选顶点并调整形状，效果如图 2-9 所示。

（18）设计信纸。新建文件并命名为“信纸”。颜色模式为 CMYK 模式，分辨率为 300 ppi，文档宽度为 297 mm、高度为 210 mm。

（19）按下快捷键“Ctrl+R”或者执行“视图”—“标尺”—“显示标尺”命令，调出标尺，拖动标尺的左上角空白部分，将坐标起点（0,0）定位在文档左上角。从标尺处任意拖出一条参考线，选中参考线，点击“窗口”—“变换”（快捷键 Shift+F8)，调出变换命令（见图 2-21），更改 X、Y 的坐标值，就可以精准定位了。信纸的天头和地脚尺寸分别设置为 50 mm 和 30 mm。

（20）在天头处置入 LOGO，并进行适当的装饰，效果如图 2-22 所示。

（21）在地脚处输入文字，效果如图 2-23 所示。

地址：北京市西城区金瑜写字楼A座　　电话：01088888888
邮箱：12345678@qq.com

图 2-23　信纸地脚设计

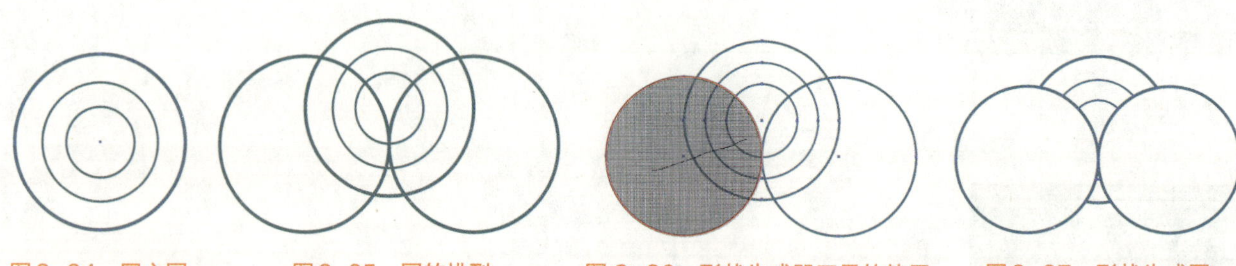

图 2-24　同心圆　　图 2-25　圆的排列　　图 2-26　形状生成器工具的使用　　图 2-27　形状生成图

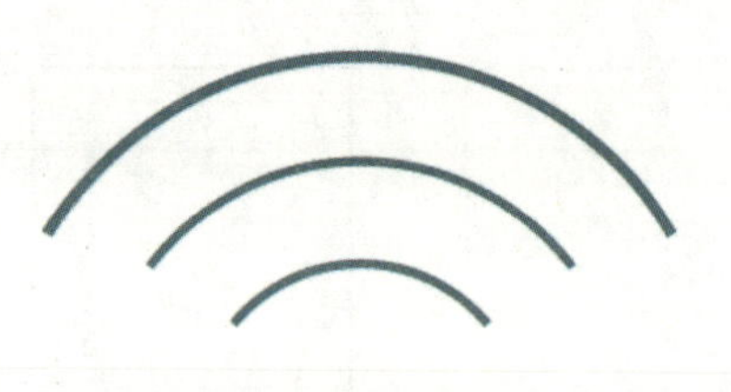

图 2-28　角纹初始形状

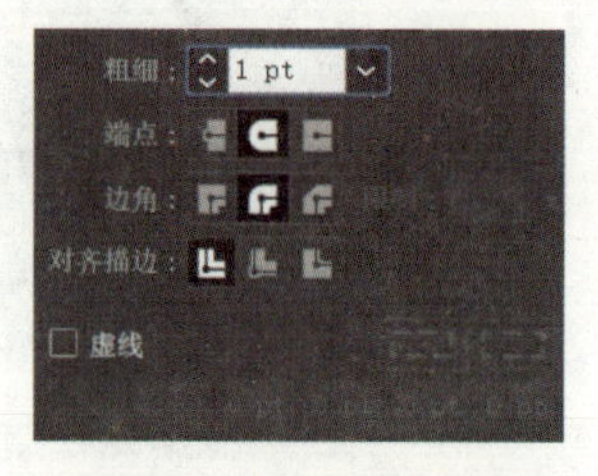

图 2-29　描边设置

图 2-30　描边效果

（22）下面开始为信纸设计富有特色的鱼纹图案。首先绘制一个空心圆，执行 Ctrl+C 复制，Ctrl+F 原位粘贴，按中心进行缩放，放在合适的位置，最外圆的描边比内圆略粗，描边颜色为 RGB（48，135，150），效果如图 2-24 所示。

（23）复制 2 个最外圈的圆，分别移动至左下方和右下方，并与上面的 3 个同心圆对齐，效果如图 2-25 所示。

（24）全选 5 个圆形，按下快捷键 Ctrl+G 群组，从工具箱选择形状生成器工具（快捷键 Shift+M）拖动，如图 2-26 和图 2-27 所示。按住 Alt 键点击多余的路径，删除剩余的路径，最终效果如图 2-28 所示。

（25）选择上一步生成的新的形状，将描边端点和边角都改为圆头，参数设置和最终效果参考图 2-29 和图 2-30。

（26）选中形状，从“对象”菜单里面选择“图案”—“建立”命令，把鱼纹建立成图案。在图案选项中将拼接类型改为砖形，通过不断调整宽度和高度参数（参考图 2-31 的设置），让鱼纹的边贴合在一起，效果如图 2-32 所示。调整完成后点击右上角保存，如图 2-33 所示，后期需要修改颜色以及描边大小都可以通过双击进行再次修改。这样就可以在页面中随心所欲地绘制各个形状的鱼纹图案了。

（27）在信纸文件中，绘制一个和版面同样大小的矩形，填充鱼纹图案，透明度设置为 10%，并将图层置入底部。效果如图 2-34 所示。至此，信纸的设计制作全部完成。

三、学习任务小结

通过本次课的学习，同学们已经基本掌握了 Illustrator 软件的基本绘图工具的使用方法，以及基本图形属性的设置。同时能够利用所学知识进行数字图形制作与创意设计，完成数字图形的创意与编辑。

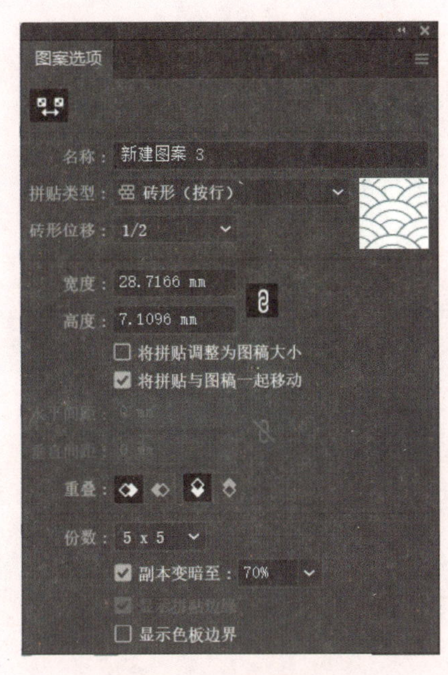

图 2-31　图案的设置

图 2-32　鱼纹的贴合效果

图 2-33　图案的保存

图 2-34　鱼纹效果

四、课后作业

请同学们使用 Illustrator 的基础绘图工具完成办公室平面效果图的绘制。参考图如图 2-35 所示。

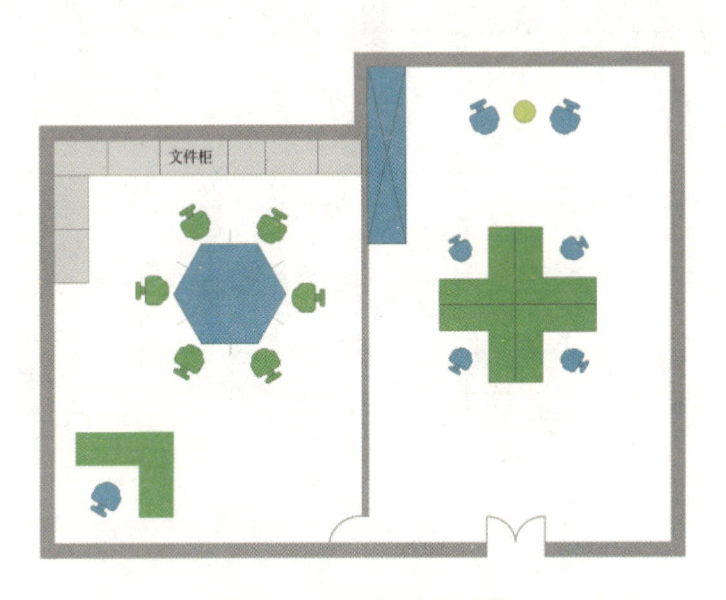

图 2-35　办公室平面效果图

形状工具的使用

教学目标

（1）专业能力：能够利用 Illustrator 的绘画工具和特效功能，对导入的图片进行编辑和处理。

（2）社会能力：培养创新思维，敢于尝试新的设计风格和技术手段，为设计作品带来新的活力和创意。

（3）方法能力：利用网络资源、教程和书籍等，进行自主学习和研究，拓宽知识面，提升设计能力。

学习目标

（1）知识目标：了解 Illustrator 软件的高阶绘图功能。

（2）技能目标：能够正确使用路径查找器命令进行图形创作，结合形状生成器工具及扭曲和变换命令完成图形的创意设计。

（3）素质目标：培养学生记录、总结及运用网络资源、自主学习等好的学习习惯，严谨、细致的学习态度，发现问题、解决问题的能力。

教学建议

1. 教师活动

讲解 Illustrator 软件的高阶绘图功能，指导学生完成绘图任务。

2. 学生活动

认真聆听教师讲解 Illustrator 软件的主要功能，在教师的指导下进行绘图任务实训。

一、学习问题导入

树智媒体广告设计有限公司的新办公场所即将投入使用，而一套清晰的指示性图标将帮助访客和员工快速找到他们的目的地，如会议室、洗手间等。在本次课中，我们将从基础的形状工具开始，学习如何绘制基本图形，如矩形、圆形和多边形。然后，我们将探索如何通过布尔运算来组合和修改这些形状，创造出独特的图标设计。

需要依据指示性图标设计规范进行设计，在三个工作日内完成设计并交付。通过实践，你将能够为树智媒体广告设计有限公司设计出一套既实用又美观的办公室指示性图标，提升办公室的整体形象，同时也为访客带来更加便捷的体验。让我们开始这段创意之旅，绘制出树智媒体广告设计有限公司的指示性图标吧！

设计思路：

作为项目系列设计内容之一，本课任务要求学生在设计树智媒体广告设计有限公司的指示性图标时，首先了解形状工具的基本功能和操作方式；其次，掌握如何利用这些工具创建基础图形和复杂组合；接着，探索形状的变形、组合与布尔运算；然后，了解色彩、渐变和阴影在增强图形视觉效果中的作用；最后，将所学知识应用于设计具有公司特色的办公室指示性图标，确保设计既实用又具有艺术性。

二、学习任务讲解

（一）基础知识

1. 路径查找器

打开路径查找器面板，快捷键是“Shift+Ctrl+F9”，该面板的命令和属性如下。

1）形状模式

联集：形状相加，结果由最上层对象决定，会采用顶层对象的上色属性，如图 2-36 所示。

减去顶层：形状减去共同部分，结果属性由最下层对象决定，如图 2-37 所示。

交集：形状取相同的部分，得到对象之间重叠部分的轮廓，结果属性由上层对象决定，如图 2-38 所示。

差集：得到对象之间未重叠的区域，重叠区域被排除，结果属性由最上层对象决定，如图 2-39 所示。

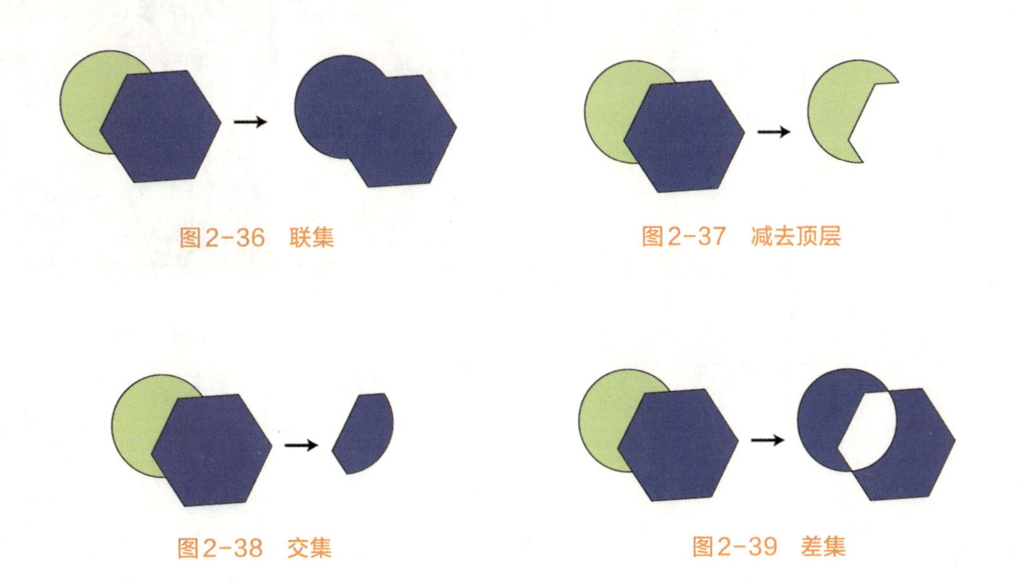

图2-36　联集

图2-37　减去顶层

图2-38　交集

图2-39　差集

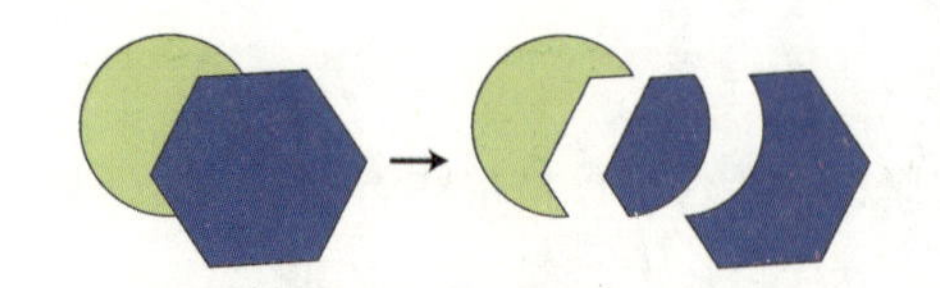

图2-40　分割

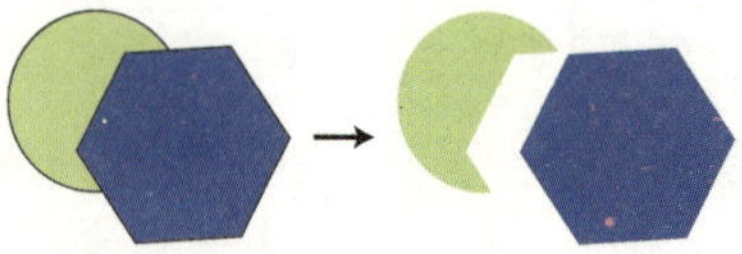

图2-41　修边

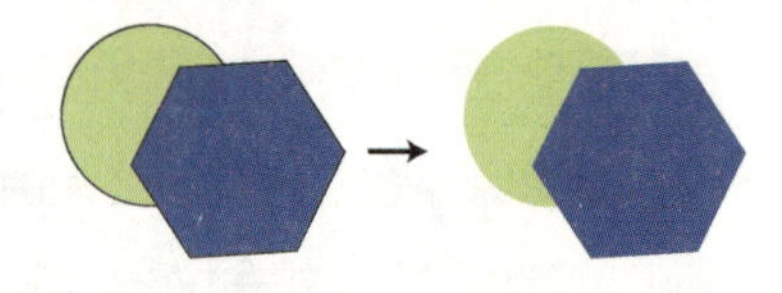

图2-42　合并

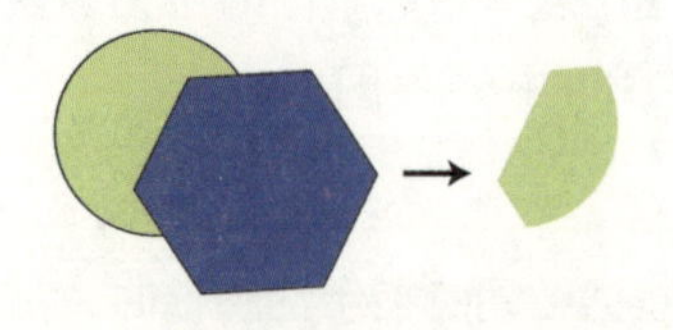

图2-43　裁剪

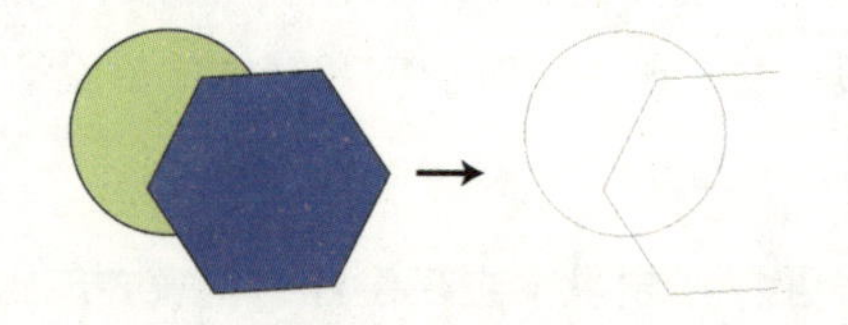

图2-44　轮廓

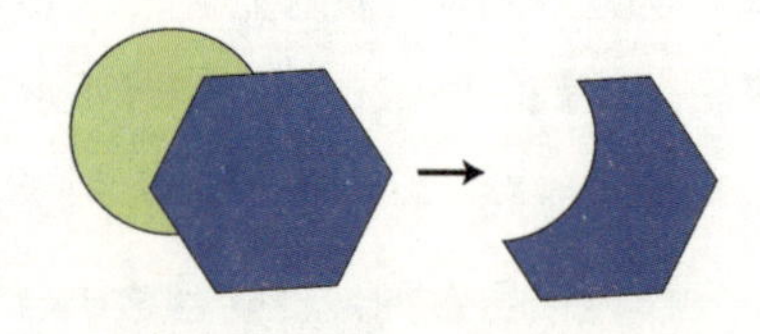

图2-45　减去后方对象

2）路径查找器

分割：按照图形的重叠方式，将图形切分为多个部分，如图2-40所示。

修边：该命令会按照当前画面显示的效果对图形进行切分。被覆盖的区域被删除，被隔断的部分会被切分为多个图形，如图2-41所示。

合并：删除已填充对象被隐藏的部分。它会删除所有描边并且合并具有相同颜色的相邻或重叠的对象，如图2-42所示。

裁剪：将图稿分割为作为其构成成分的填充表面，然后删除图稿中所有落在最上方对象边界之外的部分，还会删除所有描边，如图2-43所示。

轮廓：该命令可以创建出整组对象的边缘，如图2-44所示。

减去后方对象：当框选多个图形执行“减去后方对象”操作时，仅保留最上层未覆盖任何图形的部分并将保留部分转换为路径，如图2-45所示。当最上层没有未覆盖图形的部分时会报错。

2. 扭曲和变换

执行“效果”—“扭曲和变换”命令，在子菜单中可以看到七种效果：“变换”“扭拧”“扭转”“收缩和膨胀”“波纹效果”“粗糙化”“自由扭曲”。这些效果用于方便地改变对象的形状，但它们不会永远改变对象的基本几何形状，因为“扭曲和变换”的效果是实时的，我们可以随时在“外观”面板中修改或删除所应用的效果。

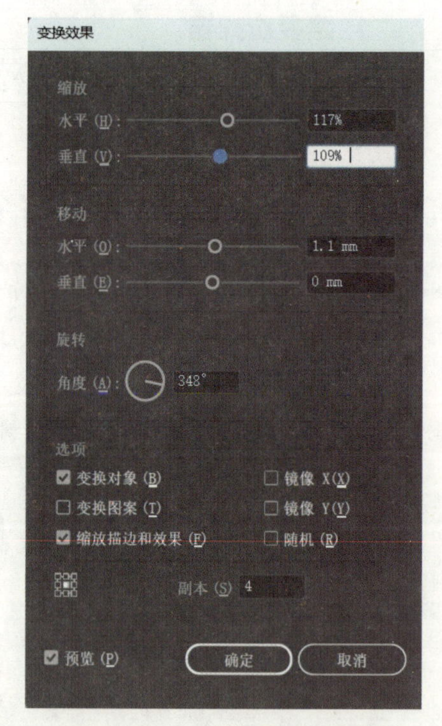

图2-46　“变换效果”面板1

“变换”效果可以进行缩放、移动、旋转和镜像等操作。首先选中对象，然后执行“效果”—“扭曲和变换”—“变换”命令，弹出“变换效果”窗口，包括缩放、移动、旋转、副本等经常使用的效果。在“副本”数值框内可以对变换并复制的数量进行设置，设置完成后单击“确定”按钮。变换设置和效果如图2-46和图2-47所示。

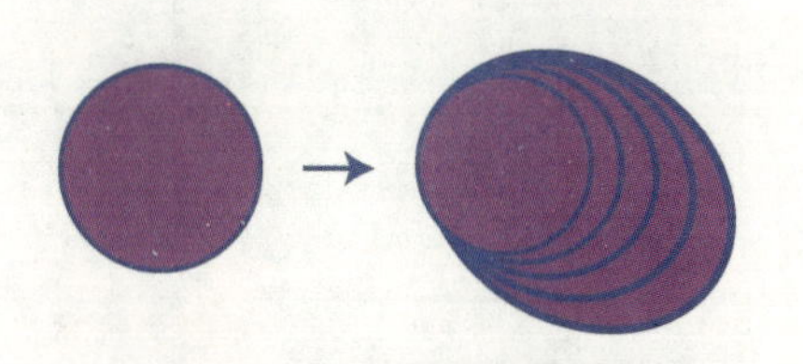

图2-47　变换效果

缩放：在选项区域中分别调整“水平”和“垂直”文本框中的参数，定义缩放比例。

移动：在选项区域中分别调整“水平”和“垂直”文本框中的参数，定义移动的距离。

角度：在文本框中设置相应的数值，定义旋转的角度，也可以拖拽控制柄进行旋转。

镜像 X、Y：勾选该选项时，可以对对象进行镜像处理。

随机：勾选该选项时，将对调整的参数进行随机变换，而且每一个对象的随机数值并不相同。

定位器：在选项区域中，可以变换的中心点。

（二）技能综合实训——指示性图标设计

办公室指示性图标在打造高效、有序的办公环境中起着至关重要的作用。办公室指示性图标设计需兼顾清晰与美观。在颜色上，紧急出口用醒目的绿色，危险区域用红色。会议室图标可设计为一个简单的房间形状，里面放置桌椅轮廓。打印机图标是长方体机身与出纸托盘的组合。复印机图标则在机身基础上添加纸张进出的线条。人员图标中，员工是常规人形，访客可添加特殊帽子标识。安全类的灭火器图标，用红色圆柱搭配黄色喷头。这些图标都要线条简洁、表意明确，确保能让人们在办公室环境中快速理解其含义。

下面我们来设计一套办公室指示性图标，包括监控区域、员工休闲区和打印区域的可循环利用标志。

（1）新建 Illustrator 文件并命名为“指示性图标设计”，颜色模式为 CMYK 模式，分辨率为 300 ppi，文档宽度为 297 mm、高度为 210 mm。

（2）监控区域指示，效果如图 2-48 所示。首先绘制一个矩形，宽度为 150 mm，高度为 90 mm。从工具箱选择渐变工具，或使用快捷键 G。在渐变面板中，设置渐变的颜色和位置，如图 2-49 所示。双击渐变滑块，在弹出的窗口中选择颜色，如图 2-50 所示，还可以滑动渐变条上方的按钮调整颜色的位置及渐变色的配比。

（3）绘制一个圆角矩形，描边为白色，3 pt，无填充色。将白色圆角矩形与蓝色渐变的背景进行中心对齐。同样，在左上角区域再次绘制一个圆角矩形，描边为白色，3 pt，无填充色。效果如图 2-51 所示。

（4）使用直线工具在图形的下半部分绘制一条水平直线，白色描边，3 pt。效果参见图 2-52。

图 2-48　监控区域指示

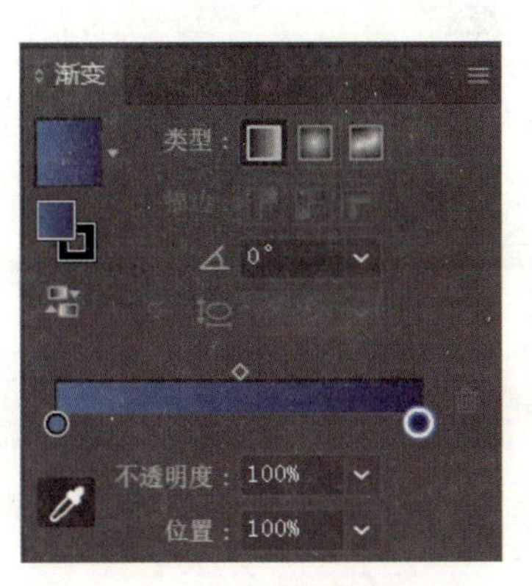

图 2-49　渐变面板

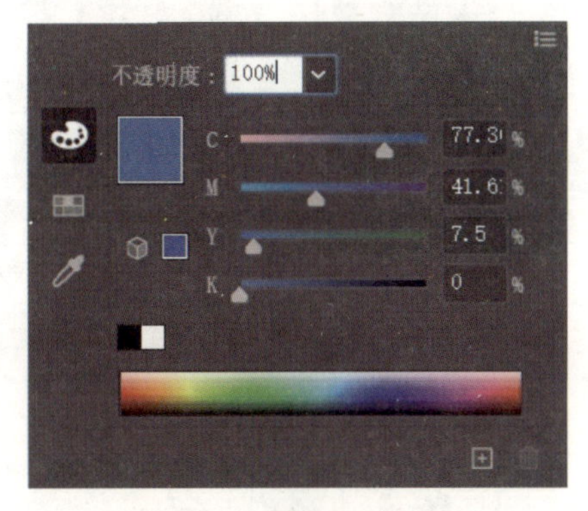

图 2-50　渐变颜色的设置

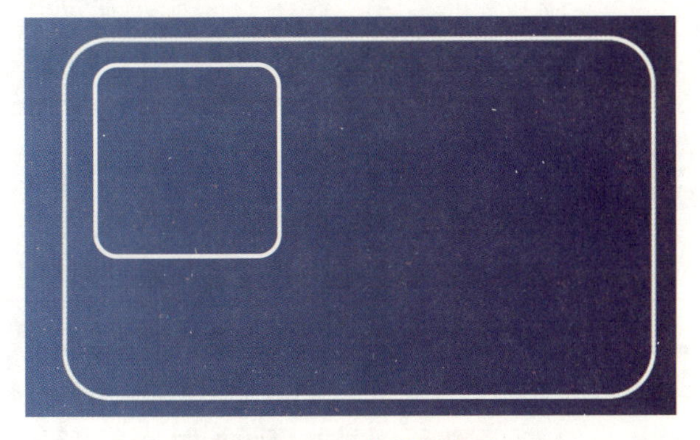
图 2-51　白色描边矩形

图 2-52　水平线设置

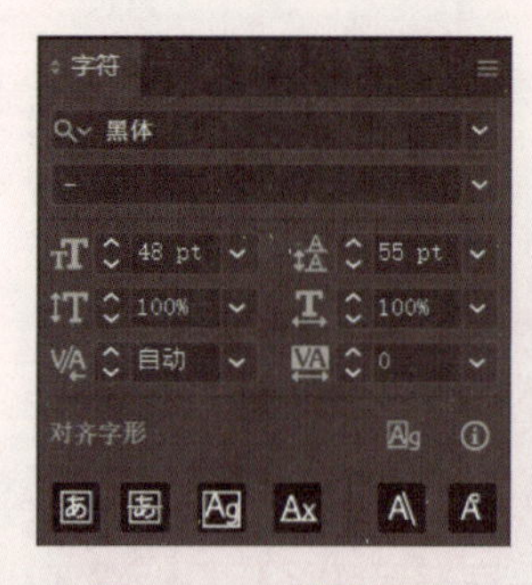

图2-53　字体设置

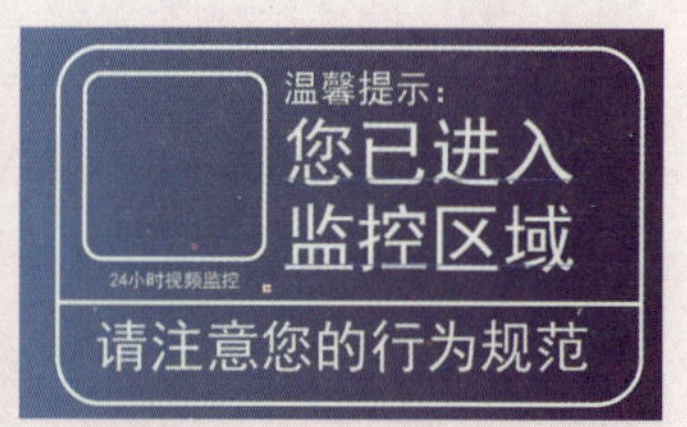

图2-54　文字整体效果

图2-55　矩形的调整

图2-56　圆角控制

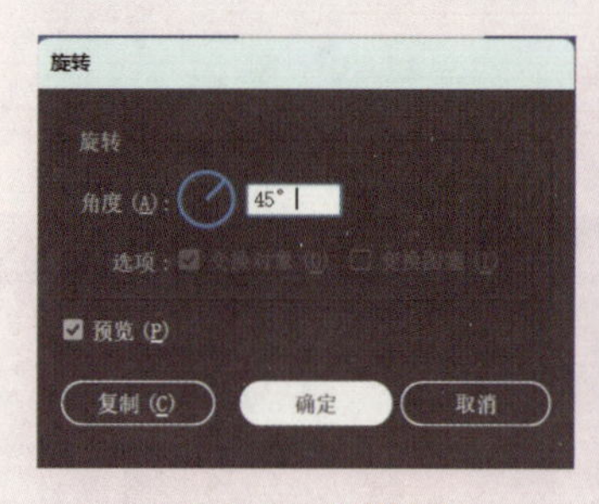

图2-57　旋转属性

图2-58　装饰元素

图2-59　员工休闲区指示图标

图2-60　背景的绘制

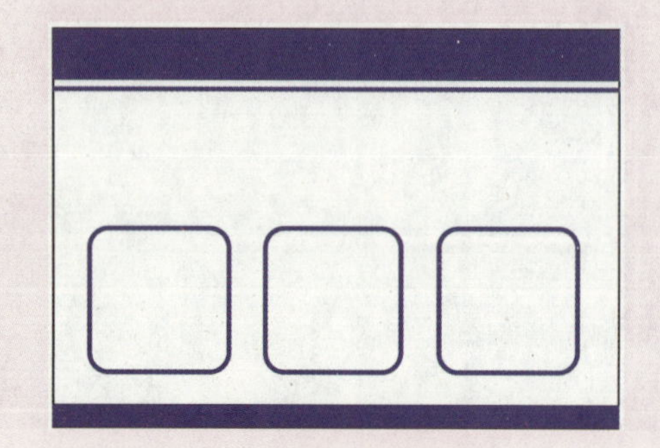
图2-61　圆角矩形

（5）使用文本工具输入文字“温馨提示：您已进入监控区域”，并调整字体的大小和行距，参数设置参见图2-53。根据图2-54所示，输入其他文字。

（6）下面进行监控的图形绘制。首先绘制矩形，宽度为30 mm，高度为10 mm，填充白色，无描边。使用直接选择工具拖动矩形的左下角顶点，形状如图2-55所示。使用直接选择工具调整矩形圆角的弧度，效果参见图2-56。

（7）从工具箱中选择旋转工具，将斜角矩形旋转45°，参数设置如图2-57所示。

（8）继续绘制4个圆角矩形，进行水平、垂直和45°方向旋转，位置摆放参考图2-58右下角效果。

（9）绘制两个矩形，并将其中两个顶点向内拖动收缩，变成梯形，再用直接选择工具调整圆角的弧度，效果如图2-58所示。

（10）在画板中再次调整各个元素的位置和比例，完成监控区域指示性图标的制作。

（11）下面开始休闲区的图标制作，整体效果参考图2-59。

（12）绘制矩形，宽为260 mm，高为130 mm。再次绘制矩形，宽为260 mm，高分别为12 mm和5 mm，填充蓝色，分别放置在顶部和底部。在顶部下面绘制装饰线，效果如图2-60所示。

（13）绘制一个圆角矩形，长宽均为30 mm。复制两个同样的矩形。选中三个矩形，从属性栏选择平均排列，中心对齐。效果如图2-61所示。

（14）输入文本“员工休闲区”，并调整字体为黑体，字号为42 pt。根据视觉效果适当调整文字间距，文字设计效果参考图2-59。

（15）下面开始绘制左侧第一个图标。使用圆角矩形工具和圆工具绘制图形，并排列分布至合适的位置，如图2-62所示。

图2-62　左侧人物的绘制

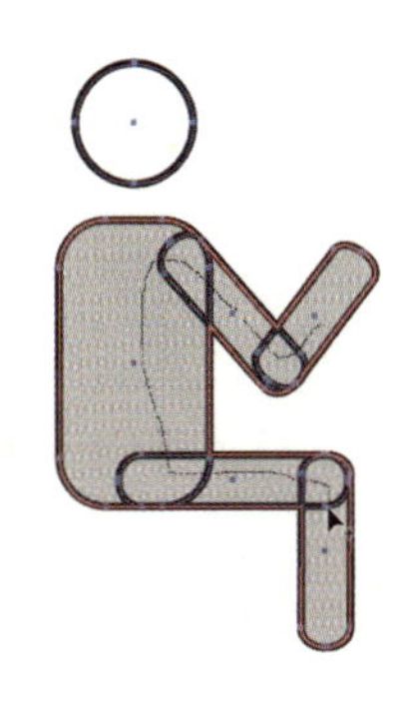

图2-63　左侧人物形状的生成

图2-64　右侧人物的绘制

图2-65　茶杯的绘制

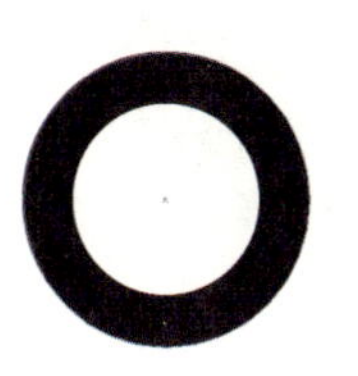

图2-66　同心圆的绘制

图2-67　可循环利用标志

（16）单击形状生成器工具，或者按 Shift+M 键以选择形状生成器工具。默认情况下，该工具处于合并模式，在此模式下，可以合并不同的路径。拖动鼠标划过要合并形状的区域并释放鼠标，如图 2-63 所示。

（17）单击“镜像工具”，对图 2-63 中的人物进行镜像操作，并对手臂和小腿进行调整，完成图 2-64 中人物的制作，并使用形状生成器工具生成新的形状。

（18）使用圆角矩形工具绘制桌面和水杯，并微调形状。

（19）下面进行第二个指示图标茶杯的制作。使用矩形工具绘制矩形，宽为 16 mm，高为 11 mm，填充黑色。再用直接选择工具选择底部的两个顶点，调整圆角的大小。同理制作杯托。将茶杯和杯托中心对齐，效果参考图 2-65。

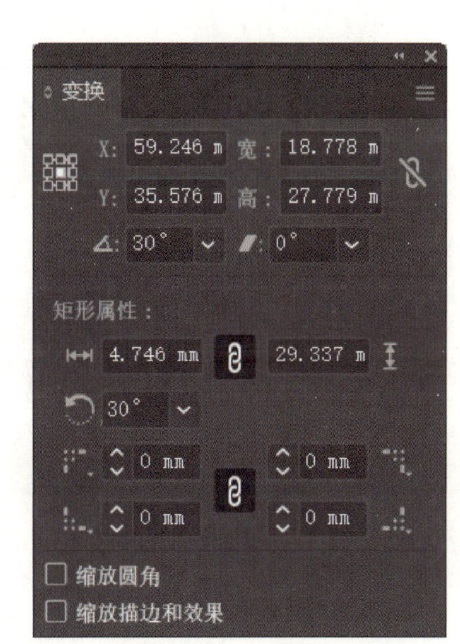

图2-68　变换面板属性

（20）茶杯手柄部分，可以使用两个同心圆来绘制。首先绘制一个半径为 8 mm 的圆形，使用“Ctrl+C”和“Ctrl+V”进行复制、原位粘贴。按住“Alt+Shift”键对上层的圆形进行中心缩放。使用形状生成器工具对圆环进行合并保留，按住 Alt 键去掉中心圆部分，效果如图 2-66 所示。选择同心圆，点击右键，选择“排列”—“置于底层”，将同心圆移动到杯体的右侧。至此茶杯部分的制作完成。

（21）下面进行吸烟区域指示图标的制作。绘制两个矩形，并适当调整圆角的大小。用画笔工具画出烟雾的形态，在描边面板中将烟雾的描边设为 3 pt。

（22）接下来完成公司打印区域的可循环利用标志的制作，效果参见图 2-67。

（23）画一个矩形，填充绿色。在变换面板中设置矩形旋转 30°，参数设置如图 2-68 所示。

（24）复制一个矩形，单击鼠标右键，选择镜像命令，在镜像类型中选择垂直镜像，参数设置如图 2-69 所示，

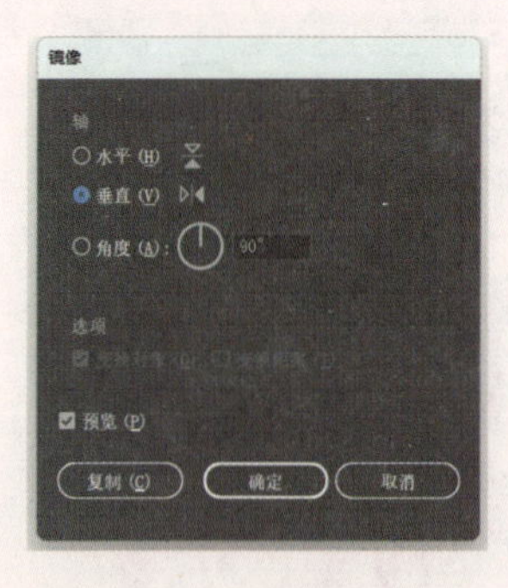

图2-69　镜像属性面板

图2-70　镜像效果

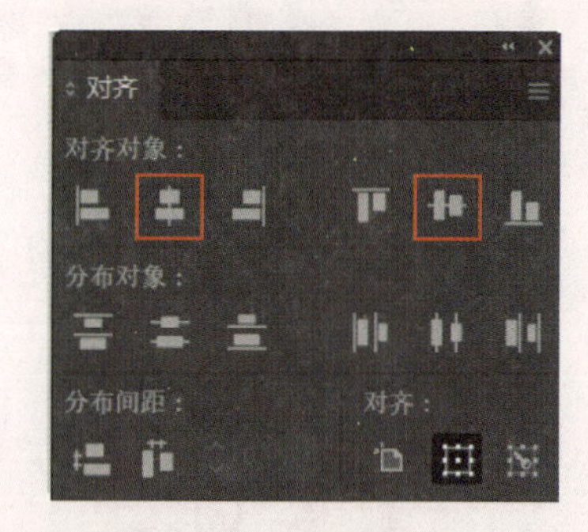

图2-71　对齐面板

图2-72　对齐效果

图2-73　擦除后的图形

图2-74　顶部圆角处理

图2-75　图形的复制

图2-76　图形的修剪

图2-77　修剪后的效果

图2-78　三角形的绘制

图2-79　箭头的绘制

图2-80　路径查找器面板

效果参见图2-70。

（25）框选两个矩形，在对齐面板中选择水平和垂直对齐，如图2-71所示，对齐后的效果参见图2-72。

（26）在工具栏中选择“橡皮擦工具”或使用快捷键“Shift+E”，将指针移动到文档上，此时指针会变成圆形和十字形状，表示橡皮擦的大小。按住鼠标左键并拖动指针，擦除需要删除的部分，效果如图2-73所示。

（27）用直接选择工具框选顶部的锚点，将这两个角调整为圆角，如图2-74所示。

（28）将右侧的图形复制一个，并移动至左侧，位置如图2-75所示。

（29）使用形状生成器工具修剪形状，按住Alt键点击删减的区域，如图2-76所示。修剪后的整体效果参考图2-77。

（30）画一个正方形，用钢笔工具减少一个锚点，如图2-78所示，将它变成一个三角形。使用自由变换工具将三角形进行旋转，使之与上面的图形对齐，效果参考图2-79。

（31）选择箭头和上方的图形，打开路径查找器面板，点击合并命令，如图2-80所示，将两个形状合并。

（32）在工具栏中找到渐变工具，按快捷键“G”，在渐变面板中选择线性渐变。双击渐变滑块，设置渐变颜色，在颜色面板中选择所需的颜色。可以通过添加多个滑块来创建多色渐变。在“角度”属性栏中，调整渐变方向和角度。使用鼠标拖动渐变工具在图形或对象上进行渐变填充。可以通过调整拖动的方向和角度来改变渐变的方向和角度。效果如图 2-81 所示。

图 2-81　填充渐变色

（33）全选图形，右键选择“编组”命令，在菜单中选择“效果”—“扭曲和变换”—“变换”，如图 2-82 所示，变换副本为 2，变换角度为 120°，水平和垂直的位移根据图形进行适当调整，效果如图 2-67 所示。

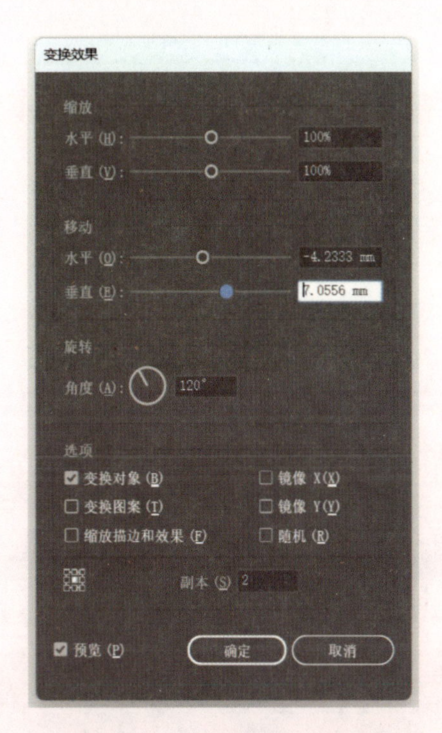

图 2-82　“变换效果”面板 2

（34）全选图形，执行菜单“对象”—“扩展外观”命令，可循环利用标志绘制完成。

三、学习任务小结

通过本次课的学习，同学们已经初步掌握了 Illustrator 软件的高阶绘图方法，并能合理选用路径查找器、形状生成器等工具完成绘图任务，结合扭曲和变换命令完成图形的创意设计。

四、课后作业

请同学们使用 Illustrator 软件完成仓库和洗手间的指示性图标的绘制。参考图如图 2-83 和图 2-84 所示。

图2-83　仓库

图2-84　洗手间

项目三
数字图形的高级绘制

学习任务一　钢笔工具的使用
学习任务二　画笔工具的使用
学习任务三　形状生成器的使用

钢笔工具的使用

教学目标

（1）专业能力：学会使用钢笔工具绘制直线、曲线和任意形状的路径，掌握制作与释放复合路径的方法和技巧。

（2）社会能力：全面掌握钢笔工具的使用技巧，培养设计能力、创意思维和问题解决能力。

（3）方法能力：能通过分析优秀案例，理解钢笔工具在提升设计作品艺术感和表现力方面的作用，激发创作灵感。

学习目标

（1）知识目标：了解路径的概念、类型与组成。

（2）技能目标：能熟练使用钢笔工具绘制各种形状的路径。

（3）素质目标：能运用钢笔工具完成特定设计项目，提升设计作品的精细度和专业度。

教学建议

1. 教师活动

（1）通过具体的设计案例演示钢笔工具的使用过程，如绘制简单图形、编辑复杂路径等，让学生直观了解钢笔工具的实际应用。

（2）安排学生动手实践，通过绘制特定图形、编辑现有路径等练习，巩固钢笔工具的使用技巧，激发学生的学习兴趣和好奇心。

2. 学生活动

（1）学生分组讨论，分享各自在钢笔工具的使用过程中的经验和心得，互相学习，共同解决遇到的问题。

（2）设定创意挑战任务，鼓励学生发挥想象力，使用钢笔工具创作出具有独特风格的作品，以此提升他们的创意思维和实践能力。

一、学习问题导入

同学们，大家好！今天我们将一起学习如何使用钢笔工具，为星火广告设计有限公司设计一款独一无二的吉祥物。吉祥物不仅是企业形象的代表，更是品牌传播的有力工具，它能够传递公司的精神和文化。

在本次课中，我们将深入了解钢笔工具的强大功能，学习如何通过精确控制路径和锚点来绘制流畅且富有表现力的形状。我们将从基础的路径绘制开始，逐步探索如何创建复杂的曲线，以及如何调整路径来形成生动的吉祥物形象。需要依据商业 IP 形象设计规范进行设计，在 5 个工作日内完成设计。

通过实践，同学们将能够为星火广告设计有限公司打造一个既符合企业特色又具有吸引力的吉祥物。这不仅能够增强公司的品牌识别度，还能在各种宣传材料中发挥重要作用，如广告、社交媒体、公司礼品等。

让我们拿起钢笔工具，一起创造一个能够代表星火广告设计有限公司精神的吉祥物，让它成为公司宣传的亮点，引领品牌形象走向新的高度。

设计思路：

作为项目系列设计内容之一，本课任务要求学生在设计商业 IP 形象时，首先深入了解目标受众和品牌定位，确定 IP 形象的核心特质，如友好、专业或创新。其次，设计形象的外形、色彩和表情，确保它们与品牌调性一致，利用故事叙述增强形象的吸引力和记忆点。最后，考虑 IP 形象在不同媒介和产品上的可应用性，确保设计的多功能性和扩展性。

二、学习任务讲解

钢笔工具是一种基于路径的绘图工具，主要作用是使用曲线和直线创建路径。在 Illustrator 中，路径是一条完全可编辑的线，可以随时改变路径的形状、位置以及线条粗细。使用钢笔工具可以制作许多平滑的、精细的图形。钢笔工具的使用是图形设计和数字艺术创作不可或缺的一部分。

（一）钢笔工具的基本知识

1. 钢笔工具的介绍

（1）熟悉钢笔工具在设计软件中的位置和界面布局。通常钢笔工具会作为一个图标出现在工具栏中，图标形状类似一支钢笔的笔尖。

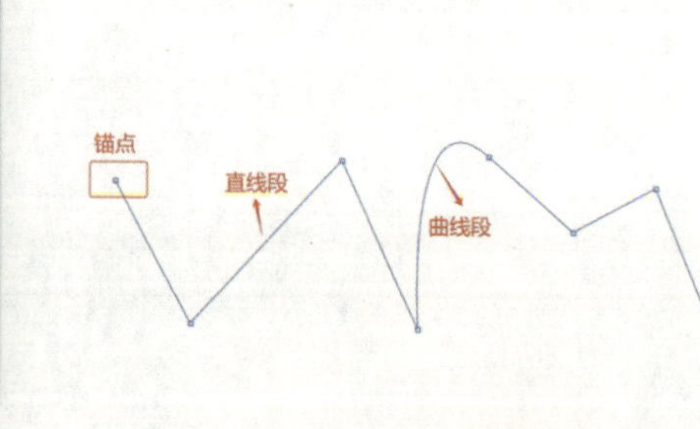

图 3-1　路径的组成

（2）路径的组成。路径由锚点、线段、控制柄和控制点组成，如图 3-1 所示。用户可以根据需要对路径的不同部分进行编辑，从而改变路径形状。另外要注意的是，路径本身没有宽度和颜色，通过对路径进行描边或填充操作，赋予路径各种色彩后，才能得到所需的图形，如图 3-2 所示。

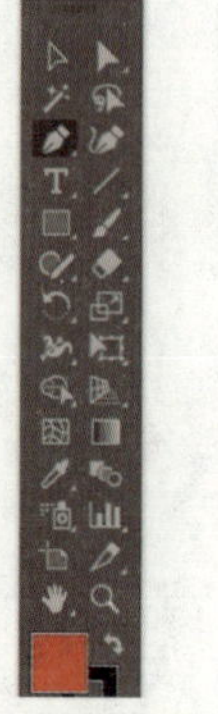

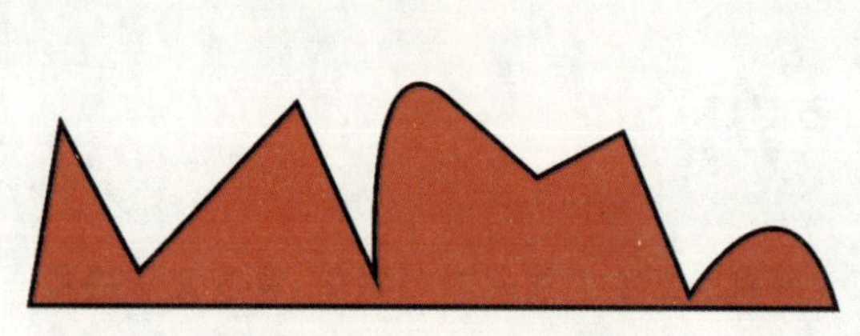

图 3-2　对路径进行描边和填充

（3）路径的分类。Illustrator 中的路径分为开放路径、闭合路径和复合路径三种类型。

2. 钢笔工具的使用

（1）绘制直线：点击画布上的起始点，然后移动鼠标到另一个位置并点击，即可绘制一条直线。如果需要绘制水平或垂直线，可以按住 Shift 键进行绘制。

（2）绘制曲线：点击画布上的起始点，然后在不松开鼠标的情况下拖动鼠标，此时会出现一个控制手柄（也称为方向线）。继续移动鼠标到下一个位置并点击，同时拖动鼠标调整曲线的形状和方向。重复此过程，可以绘制连续的曲线路径。

（二）钢笔工具的基本操作

1. 编辑路径

（1）添加锚点：在已绘制的路径上，将钢笔工具放置在需要添加锚点的位置，点击并拖动鼠标，即可在该位置添加一个新的锚点，并调整曲线的形状。

（2）删除锚点：使用选择工具（如直接选择工具）选中需要删除的锚点，然后按 Delete 键或选择删除命令进行删除。

（3）转换锚点类型：锚点分为平滑锚点和角点两种类型。平滑锚点用于绘制曲线，而角点则用于绘制尖锐的转角。可以通过选择锚点并使用转换锚点类型的功能（通常在钢笔工具选项栏中或通过右键菜单）在两种类型之间切换。

2. 调整路径和曲线

（1）调整手柄长度和方向：选中锚点后，可以拖动锚点旁边的控制手柄来调整曲线的形状和方向。手柄越长，曲线越平缓；手柄越短或方向越接近锚点之间的连线，曲线越尖锐。

（2）使用直接选择工具：直接选择工具允许用户精确选择并移动路径上的锚点或控制手柄，从而实现对路径形状的微调。

3. 填充和描边

（1）填充颜色：在用钢笔工具绘制完路径后，可以选择合适的颜色或渐变类型对路径进行填充。这通常在路径绘制完成后，通过选择填充工具或调整图层样式来完成。

（2）描边设置：同样地，可以对路径的描边进行设置，包括描边颜色、宽度、样式等。这些设置通常可以在路径绘制完成后通过描边工具或图层样式进行调整。

（三）技能综合实训——小火人商业 IP 形象设计

（1）按 Ctrl+N 组合键，新建一个文档，宽度为 100 mm，高度为 100 mm，取向为竖向，颜色模式为 CMYK 模式，单击“确定”按钮，如图 3-3 所示。

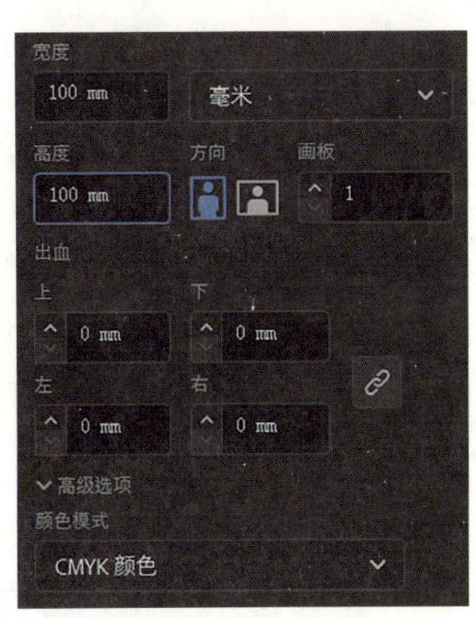

图3-3 文件尺寸

（2）选择矩形工具，在页面中适当的位置绘制一个矩形，设置图形填充颜色为浅蓝色（其 C、M、Y、K 的值分别为 36%、6%、0%、0%），填充图形，并设置描边色为无，效果如图 3-4 所示。

（3）选择钢笔工具，用钢笔工具在适当的位置绘制小火人头部，设置图形填充色为红色（其 C、M、Y、K 的值分别为 9%、91%、100%、0%），填充图形，并设置描边色为无，效果如图 3-5 所示。

（4）选择钢笔工具，在适当的位置绘制小火人面部，设置图形填充色为肤色（其 C、M、Y、K 的值分别为 1%、2%、15%、0%），

图 3-4　绘制矩形

图 3-5　绘制头部

图 3-6　绘制面部

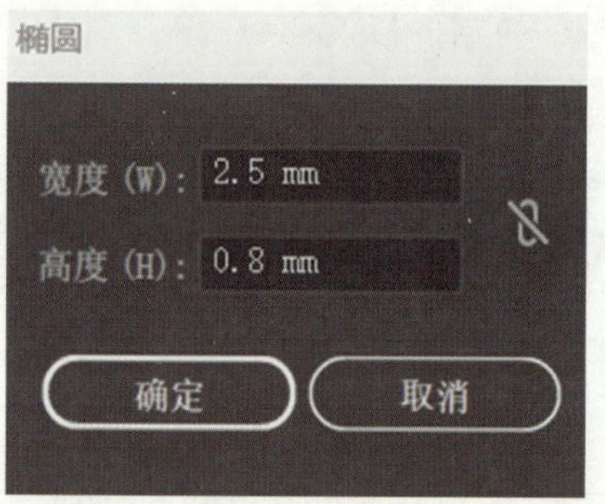

图 3-7　绘制椭圆

图 3-8　绘制眉毛

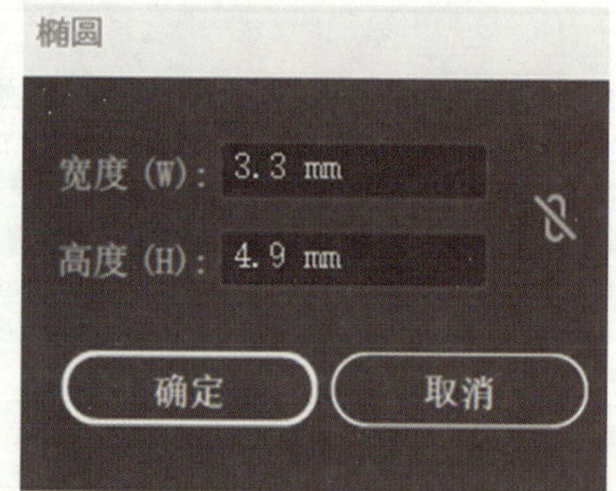

图 3-9　大椭圆属性

填充图形，并设置描边色为无，效果如图 3-6 所示。

（5）选择椭圆工具，在页面中单击鼠标，弹出“椭圆”对话框，选项设置如图 3-7 所示，单击“确定”按钮，得到一个椭圆形眉毛，将其拖拽到适当的位置。

（6）设置图形填充色为红色（其 C、M、Y、K 的值分别为 9%、91%、100%、0%），填充图形，并设置描边色为无，复制图形，效果如图 3-8 所示。

（7）选择椭圆工具，在页面中单击鼠标，弹出“椭圆”对话框，选项设置如图 3-9 和图 3-10 所示，单击“确定”按钮，得到一个椭圆形眼睛，将其拖拽到适当的位置。

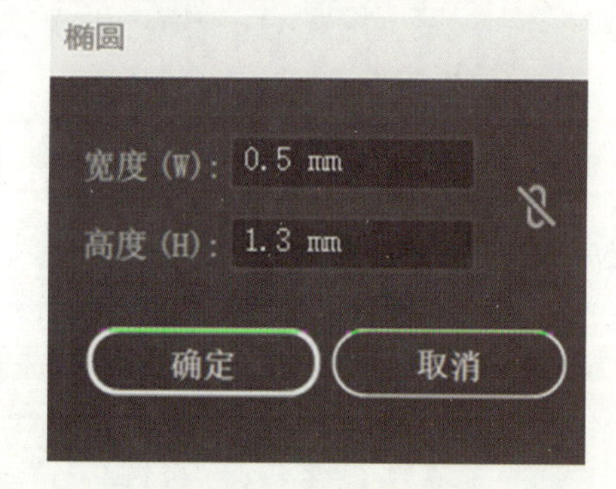

图 3-10　小椭圆属性

（8）设置图形填充色分别为棕色（其 C、M、Y、K 的值分别为 43%、45%、60%、0%）、白色（其 C、M、Y、K 的值分别为 0%、0%、0%、0%），填充图形，并设置描边色为无，复制图形，效果如图 3-11 所示。

（9）选择钢笔工具，用钢笔工具在适当的位置绘制小火人的嘴巴，如图 3-12 所示。设置图形填充色为黑色（其 C、M、Y、K 的值分别为 0%、0%、0%、100%），填充图形，并设置描边色为无。

（10）选择钢笔工具，用钢笔工具在适当的位置绘制小火人的刘海，设置图形填充色为橙色（其 C、M、Y、K 的值分别为 0%、45%、90%、0%），填充图形，并设置描边色为无，效果如图 3-13 所示。

（11）选择选择工具，按住 Shift 键，分别单击所绘制的图形，将多个图形（小火人的头部）同时选取，按 Ctrl+G 组合键，将多个图形编组，效果如图 3-14 所示。

（12）选择钢笔工具，用钢笔工具在适当的位置绘制小火人的身体，设置图形填充色为红色（其 C、M、

图 3-11　绘制眼睛

图 3-12　绘制嘴巴形状

图 3-13　绘制刘海形状并填充颜色

图 3-14　图形编组

图 3-15　绘制小火人的身体

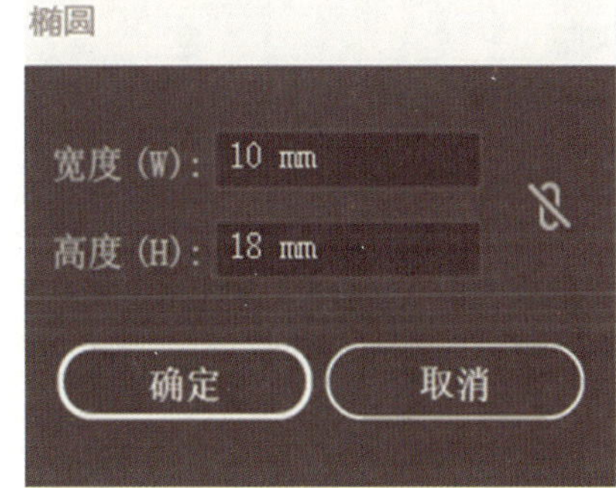

图 3-16　绘制椭圆

图 3-17　填充椭圆

图 3-18　图形编组

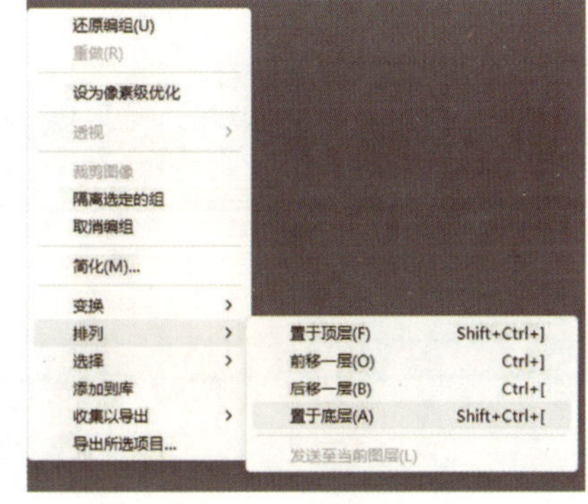

图 3-19　图形排序

Y、K 的值分别为 9%、91%、100%、0%），填充图形，并设置描边色为无，效果如图 3-15 所示。

（13）选择椭圆工具，在页面中单击鼠标，弹出“椭圆”对话框，选项设置如图 3-16 所示，单击“确定”按钮，得到一个椭圆形状，将其拖拽到适当的位置。

（14）设置图形填充色为白色（其 C、M、Y、K 的值分别为 0%、0%、0%、0%），填充图形，并设置描边色为无，效果如图 3-17 所示。

（15）选择选择工具，按住 Shift 键，分别单击所绘制的图形，将多个图形（身体）同时选取，按 Ctrl+G 组合键，将多个图形编组，效果如图 3-18 所示。

（16）选择选择工具点击编组图形，单击鼠标右键选择排列，先置于底层再前移一层（将身体置于背景上层），如图 3-19 和图 3-20 所示。

图3-20　图形编组

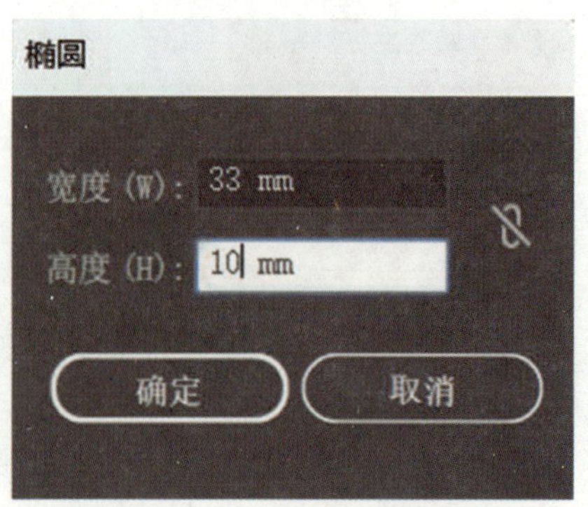

图3-21　绘制椭圆形状

图3-22　绘制翅膀

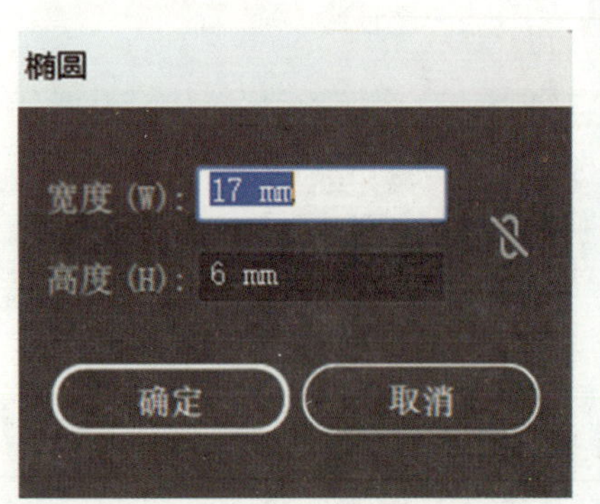

图3-23　绘制椭圆形状

图3-24　绘制胳膊

图3-25　图形编组

图3-26　小火人IP形象效果图

（17）选择椭圆工具，在页面中单击鼠标，弹出“椭圆”对话框，选项设置如图3-21所示，单击“确定”按钮，得到一个椭圆形翅膀，将其拖拽到适当的位置。

（18）设置图形填充色为橙色（其C、M、Y、K的值分别为0%、45%、90%、0%），填充图形，并设置描边色为无，选择选择工具，按住Alt键的同时，拖拽选取的图形到适当的位置，复制图形，旋转角度直到合适的位置，效果如图3-22所示。

（19）选择椭圆工具，在页面中单击鼠标，弹出“椭圆”对话框，选项设置如图3-23所示，单击“确定”按钮，得到一个椭圆形胳膊，将其拖拽到适当的位置。

（20）设置图形填充色为深红色（其C、M、Y、K的值分别为20%、90%、100%、0%），填充图形，并设置描边色为无，选择选择工具，按住Alt键的同时，拖拽选取的图形到适当的位置，复制图形，效果如图3-24所示。

（21）选择选择工具，按住Shift键，分别单击所绘制的图形，将多个图形（胳膊跟翅膀）同时选取，按Ctrl+G组合键，将多个图形编组，效果如图3-25所示。

（22）选择选择工具点击编组图形，单击鼠标右键选择排列，先置于底层再前移一层（将胳膊和翅膀置于背景上层），如图3-26所示。小火人商业IP形象绘制完成。

三、学习任务小结

在本次学习任务中，学生重点掌握了钢笔工具的基本操作，包括绘制直线与曲线、编辑路径等关键技能。通过实践，学生深入理解了路径的组成元素，如锚点、线段以及控制柄与控制点，并学会了如何灵活调整它们以创建所需的图形形状。此外，还掌握了路径的编辑技巧，能够熟练地进行锚点的添加、删除和移动，以及方向线的调整。本次学习任务不仅提升了学生的图形设计能力和团队协作能力，而且使学生能够熟练和自信地运用钢笔工具进行多领域创作。

四、课后作业

（1）课后进一步熟悉钢笔工具的使用方法及操作技巧。

（2）请同学们利用钢笔工具绘制简单图形，如图 3-27 所示。

图 3-27　商业 IP 形象

画笔工具的使用

教学目标

（1）专业能力：掌握画笔工具的基本知识和操作方法。

（2）社会能力：能够分析不同效果的应用场景，评估其优劣，培养创新能力和问题解决能力。

（3）方法能力：课前能多看课件及优秀案例；课堂上主动承担小组任务，相互帮助；课后在专业技能上主动多实践。

学习目标

（1）知识目标：了解画笔工具的基本类型，掌握画笔面板的使用。

（2）技能目标：能熟练地将画笔工具与路径编辑工具结合使用，实现个性化绘画效果。

（3）素质目标：培养审美能力，激发创新思维，锻炼实践能力和持续学习能力。

教学建议

1. 教师活动

讲解画笔工具的基础知识，指导学生实训操作。

2. 学生活动

认真聆听教师讲解画笔工具的基础知识，了解画笔工具的主要功能，在教师的指导下进行项目化实操训练。

一、学习问题导入

各位同学，大家好！今天我们将开启一段创意之旅，为星火广告设计有限公司设计墙体插画。吉祥物已经设计成功，它不仅承载着公司的形象，更是与公众沟通的桥梁。而插画的设计作为现代沟通中不可或缺的元素，能够让吉祥物的形象更加深入人心，增强品牌的亲和力和传播力。

在本课程中，我们将学习如何使用画笔工具来绘制插画。从基础的笔触设置开始，我们将探索如何创建自定义画笔，以及如何通过调整画笔参数来模拟不同的笔触效果。需要依据插画设计规范进行设计，在 5 个工作日内完成设计。

通过本课程的学习，你将能够为星火广告设计有限公司设计墙体插画，不仅能够丰富公司的视觉资产，还能在社交媒体等平台上吸引更多的关注和互动。

让我们拿起画笔，开始绘制吧，让星火广告设计有限公司绽放出更多的光彩。

二、学习任务讲解

在 Illustrator 中，利用画笔可以为路径快速设置各种艺术化描边效果。用户可以将系统预设的画笔样式直接应用于现有路径，也可以使用画笔工具，在绘制路径的同时应用画笔样式。下面我们就来学习 Illustrator 中的画笔类型，以及使用画笔面板、创建与编辑画笔、使用画笔工具和斑点画笔工具的方法。

（一）认识画笔工具

Illustrator 提供了丰富的画笔样式来让用户描边路径，这些画笔样式均存储在“画笔”面板中，主要分为 Wacom 6D 画笔、图像画笔、毛刷画笔、矢量包、箭头、艺术效果、装饰和边框等 8 种类型，如图 3-28 和图 3-29 所示。

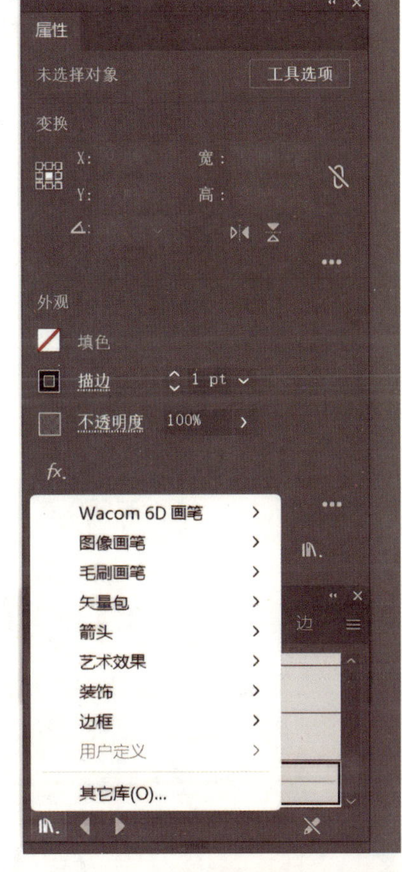

图3-28　画笔类型

Wacom 6D 画笔：六维度精确控制，使绘画作品更接近手绘效果。

图像画笔：将一个基本图形对象在路径上重复显示。

毛刷画笔：使用毛刷创建出粗糙、自然的绘图效果。

矢量包：可以应用于现有的路径，也可以在绘制路径的同时应用画笔描边。

箭头：除了预设样式，用户可以自定义箭头画笔，以满足特定设计需要。

艺术效果：艺术效果画笔提供了多种多样的预设样式，如模拟传统书法笔触、著名艺术家的风格、自然纹理等，这些预设样式能够直接应用于设计作品

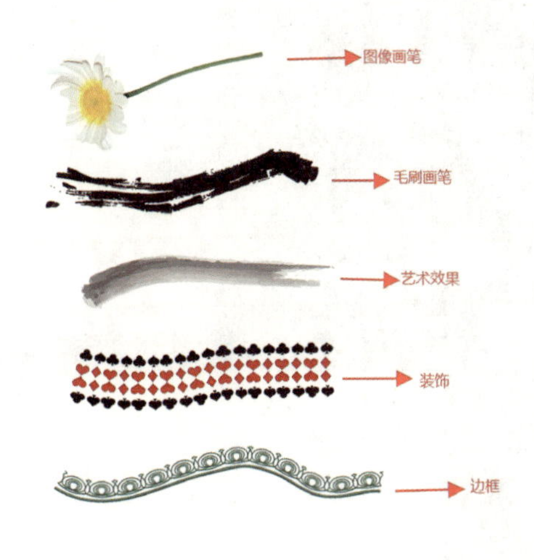

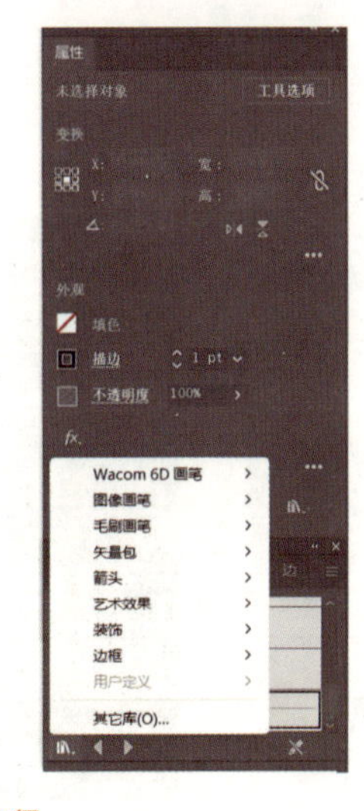

图 3-29　不同的画笔样式描边路径

中，为创作提供灵感和便利。

装饰：装饰画笔通常提供多样化的预设样式，如各种纹理、图案、艺术笔触等，这些样式可直接应用于设计作品中，为创作提供丰富的视觉效果。

边框：边框画笔提供了丰富多样的边框样式，包括但不限于实线、虚线、点线、花纹等，这些样式能够直接应用于图形或文字的边框，为设计作品增添独特的视觉效果。

（二）画笔工具的使用

1. 使用画笔面板

利用“画笔”面板可以选择、应用、复制、删除及加载画笔样式等。

（1）选择“窗口”—“画笔”菜单，或者按 F5 键，打开“画笔”面板，在画笔列表中选择一种画笔样式，即可利用所选画笔样式替换当前所选图形的描边样式，如图 3-30 所示。

（2）选中页面中应用了画笔样式的路径图形，单击“画笔”面板底部的“所选对象的选项”按钮，可以打开图 3-31 所示的“描边选项”对话框，在其中可以编辑所选路径的画笔描边参数。

（3）选中页面中应用了画笔样式的路径图形，单击“画笔”面板底部的“移去画笔描边”按钮，可以删除当前路径图形的画笔描边效果。

（4）选中“画笔”面板画笔列表中任一画笔样式，单击面板底部的“删除画笔”按钮，或者将画笔样式直接拖至“删除画笔”按钮上，可将该画笔样式从面板中删除。

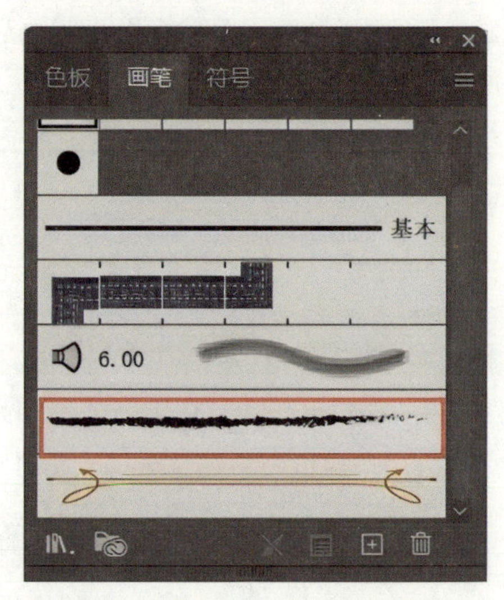

图 3-30　利用“画笔”面板描边路径

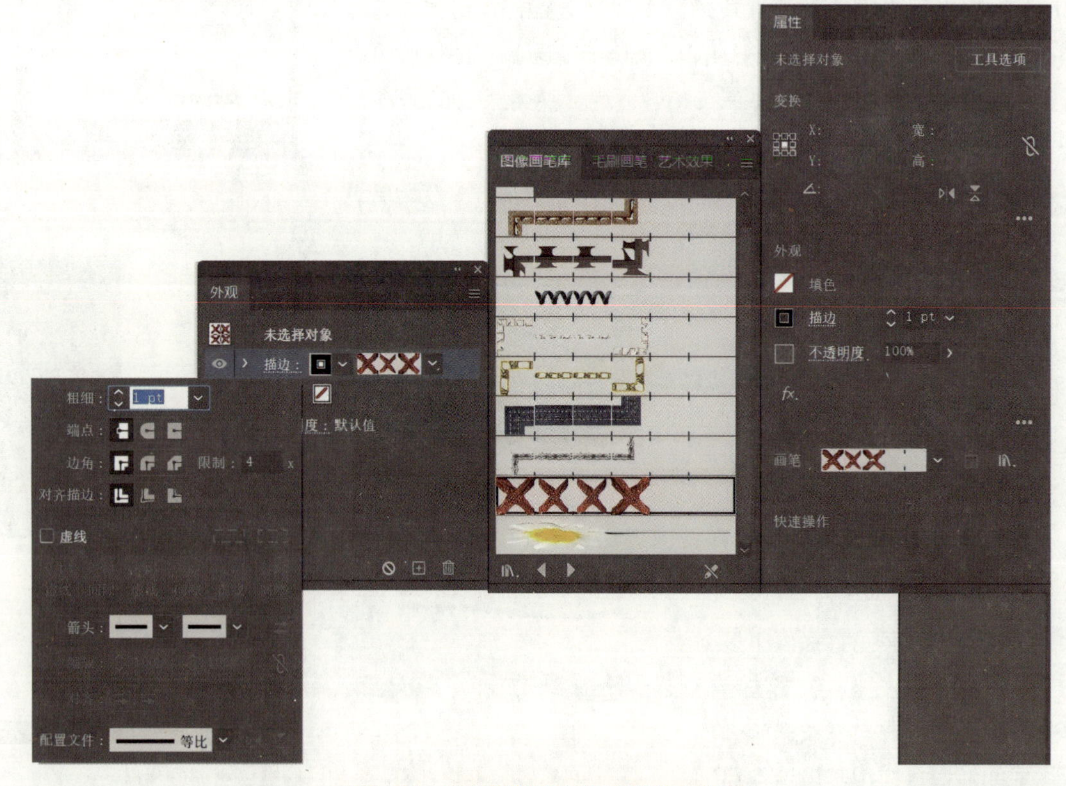

图 3-31　设置所选路径的画笔描边选项

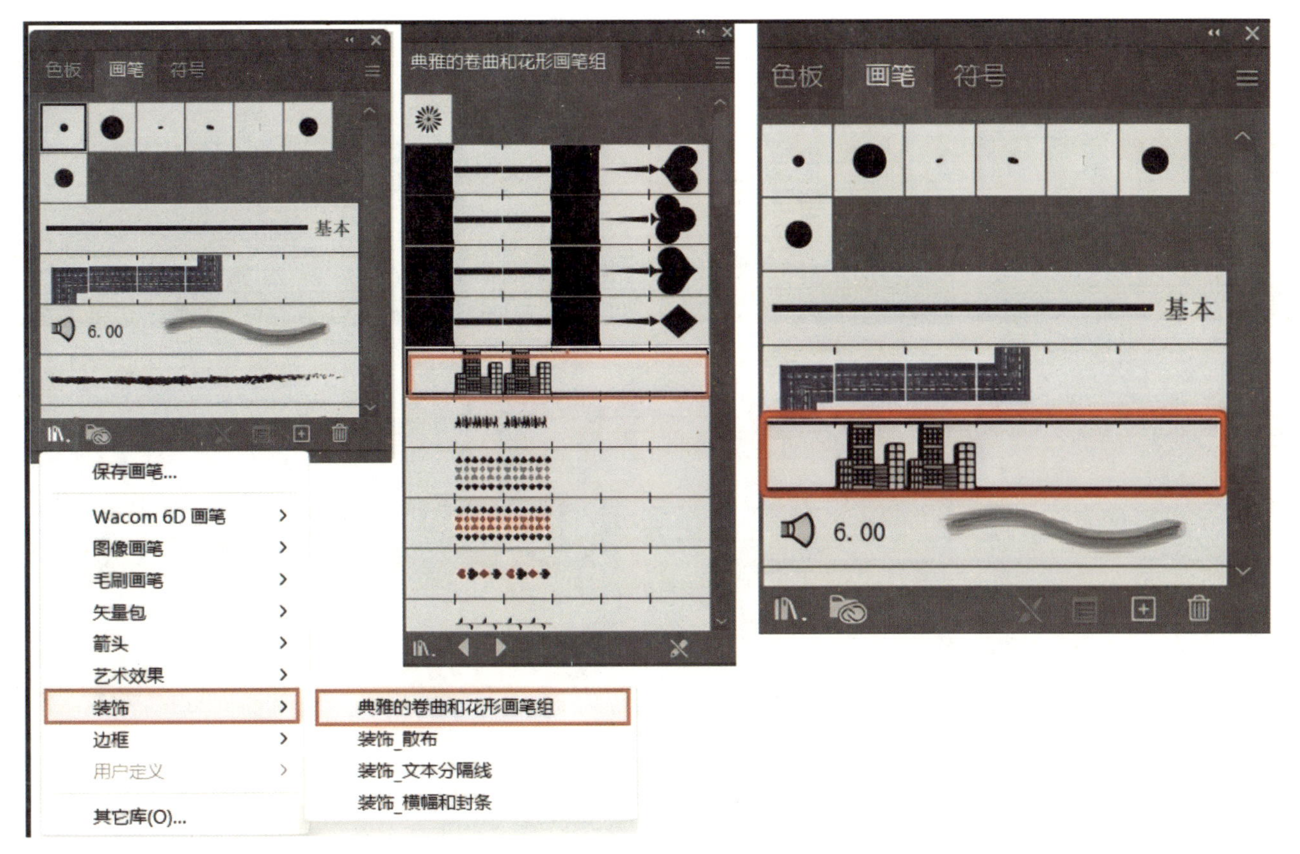

图 3-32　预设画笔样式

（5）单击“画笔”面板底部的“画笔库菜单”按钮，可以从弹出菜单中选择系统预设的画笔库，打开相应的画笔面板，然后在面板中单击画笔样式即可将其添加到“画笔”面板中使用，如图 3-32 所示。

（6）单击“画笔”面板右上角的按钮，从弹出的面板菜单中也可执行新建、复制、删除、移去画笔描边，更改面板视图显示等操作。

2. 创建与编辑面板

Illustrator 允许用户将绘制的任意图形定义为画笔样式。

（1）将绘制的图形拖至“色板”面板中，定义为图案色板。

（2）单击“画笔”面板底部的“新建画笔”按钮，打开“新建画笔”对话框，选择需要创建的画笔类型，如选择“书法毛笔”，单击“确定”按钮。

（3）打开“书法画笔”对话框，设置画笔名称，其他参数默认，单击“确定”按钮，即可定义一个书法画笔并显示在“画笔”面板中。

（4）在“画笔”面板中双击画笔，即可打开该类型画笔选项对话框，设置画笔选项，单击“确定”按钮。

（三）技能综合实训

（1）按 Ctrl+N 组合键，新建一个文档，宽度为 100 mm，高度为 100 mm，取向为竖向，颜色模式为 CMYK，单击“确定”按钮，如图 3-33 所示。

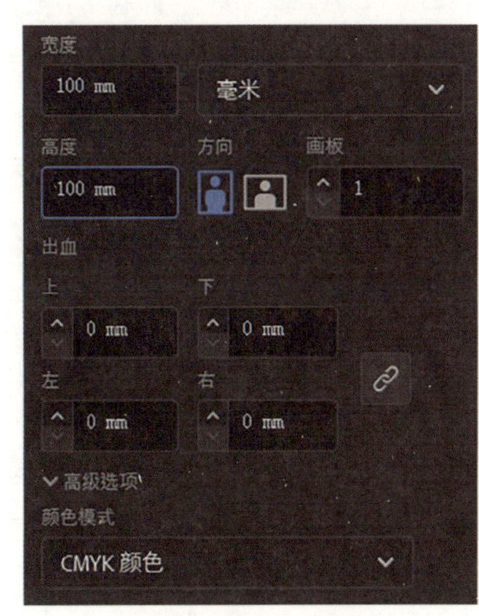

图 3-33　新建文档

（2）选择矩形工具，在页面中适当的位置绘制一个矩形，设置图形填充颜色为浅蓝色（其 C、M、Y、K 的值分别为 50%、0%、0%、

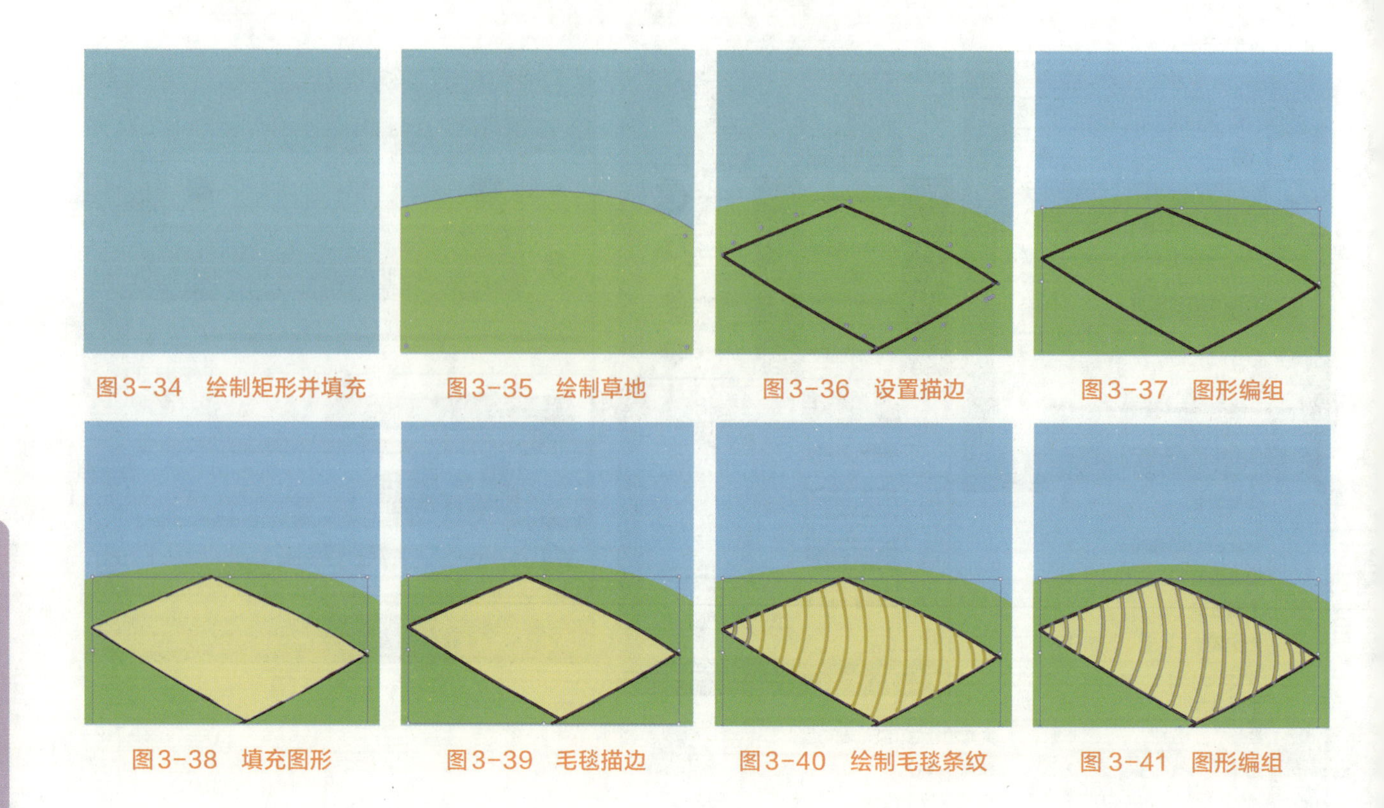

图3-34　绘制矩形并填充　　图3-35　绘制草地　　图3-36　设置描边　　图3-37　图形编组

图3-38　填充图形　　图3-39　毛毯描边　　图3-40　绘制毛毯条纹　　图3-41　图形编组

0%），填充图形，并设置描边色为无，效果如图 3-34 所示。

（3）选择画笔工具，用画笔工具在适当的位置绘制草地，设置图形填充色为绿色（其 C、M、Y、K 的值分别为 50%、0%、80%、0%），填充图形，并设置描边色为无，效果如图 3-35 所示。

（4）选择画笔工具，在适当的位置绘制毛毯描边，设置画笔描边为 0.5 pt，颜色为黑色（其 C、M、Y、K 的值分别为 0%、0%、0%、100%），描边，效果如图 3-36 所示。

图3-42　图形顺序调整

（5）选择选择工具，按住 Shift 键，分别单击所绘制的图形，将多个图形（描边）同时选取，按 Ctrl+G 组合键，将多个图形编组，效果如图 3-37 所示。

（6）再新建一个图层，选择画笔工具，在适当的位置绘制毛毯颜色，画笔大小根据情况而定，颜色为米黄色（其 C、M、Y、K 的值分别为 5%、5%、50%、0%），填充图形，并设置描边色为无，效果如图 3-38 所示。

（7）选择选择工具、点击毛毯描边，拖拽到毛毯填充的上层，如图 3-39 所示。

（8）选择画笔工具，在适当的位置绘制毛毯条纹，设置画笔颜色为棕色（其 C、M、Y、K 的值分别为 20%、25%、95%、0%），效果如图 3-40 所示。

（9）选择选择工具，按住 Shift 键，分别单击所绘制的图形，将多个图形（条纹）同时选取，按 Ctrl+G 组合键，将多个图形编组，效果如图 3-41 所示。

（10）选择选择工具点击毛毯描边，拖拽到毛毯条纹的上层，如图 3-42 所示。

（11）选择椭圆工具，按住 Shift 键画出一个圆，再选择选择工具，按住 Alt 键的同时，拖拽选取的图形到适当的位置，复制图形，设置图形填充色为红色（其 C、M、Y、K 的值分别为 0%、95%、95%、0%），填充图形，并设置描边色为无，效果如图 3-43 所示。

（12）选择椭圆工具，按住 Shift 键画出一个圆，设置图形填充色为黄色（其 C、M、Y、K 的值分别为 10%、0%、80%、0%），填充图形，并设置描边色为无，效果如图 3-44 所示。

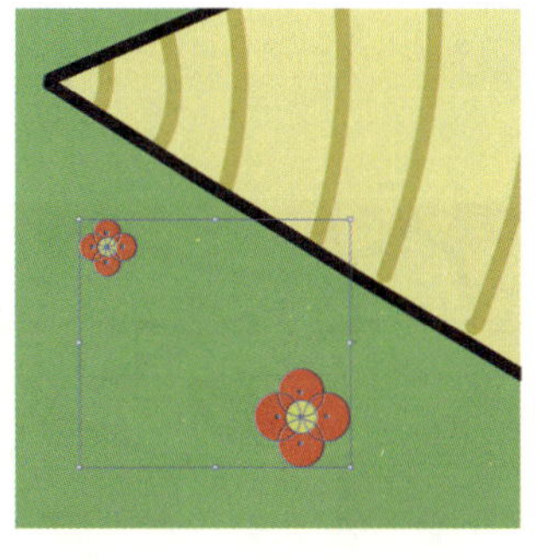
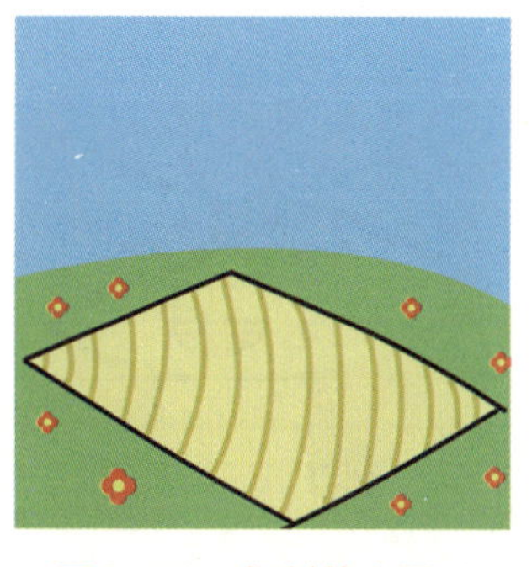

图 3-43　绘制花卉图形 1　图 3-44　绘制花卉图形 2　图 3-45　花卉图形组合　图 3-46　复制花卉图形

图 3-47　绘制白云　图 3-48　绘制太阳　图 3-49　绘制小火人形状　图 3-50　小火人身体涂色

（13）选择选择工具，按住 Alt 键的同时，拖拽选取的图形到适当的位置，复制图形，按住 Shift+Alt 组合键的同时，拖拽右下角的控制手柄到适当的位置，等比例缩小图形，效果如图 3-45 所示。

（14）用相同的方法再复制多个图形并调整其大小，如图 3-46 所示。

（15）选择钢笔工具，在适当的位置绘制一个云朵图形。设置图形填充色为白色（其 C、M、Y、K 的值分别为 0%、0%、0%、0%），填充图形，并设置描边色为无，效果如图 3-47 所示。

图 3-51　小火人刘海和翅膀涂色　图 3-52　小火人肚子涂色

（16）选择椭圆工具，按住 Shift 键画出一个圆，设置图形填充色为橙色（其 C、M、Y、K 的值分别为 0%、40%、75%、0%），填充图形，并设置描边色为无，把太阳置于白云的底层，效果如图 3-48 所示。

（17）选择画笔工具，在适当的位置绘制小火人形状，设置画笔描边为 0.5 pt，颜色为黑色（其 C、M、Y、K 的值分别为 0%、0%、0%、100%）（眉毛颜色为红色，C、M、Y、K 的值分别为 20%、90%、90%、0%），描边；选择选择工具，按住 Shift 键，分别单击所绘制的图形，将多个图形（小火人描边）同时选取，按 Ctrl+G 组合键，将多个图形编组，效果如图 3-49 所示。

（18）再新建一个图层，选择画笔工具，在适当的位置给小火人身体涂色，画笔大小根据情况而定，颜色为红色（其 C、M、Y、K 的值分别为 0%、95%、95%、0%），进行涂色，并设置描边色为无，效果如图 3-50 所示。

（19）选择画笔工具，在适当的位置为小火人刘海和翅膀涂色，画笔大小根据情况而定，颜色为橙色（其 C、M、Y、K 的值分别为 0%、50%、90%、0%），进行涂色，并设置描边色为无，效果如图 3-51 所示。

（20）选择画笔工具，在适当的位置给小火人肚子涂色，画笔大小根据情况而定，颜色为白色（其 C、M、Y、K 的值分别为 0%、0%、0%、0%），进行涂色，并设置描边色为无，效果如图 3-52 所示。

图3-53　小火人嘴巴涂色

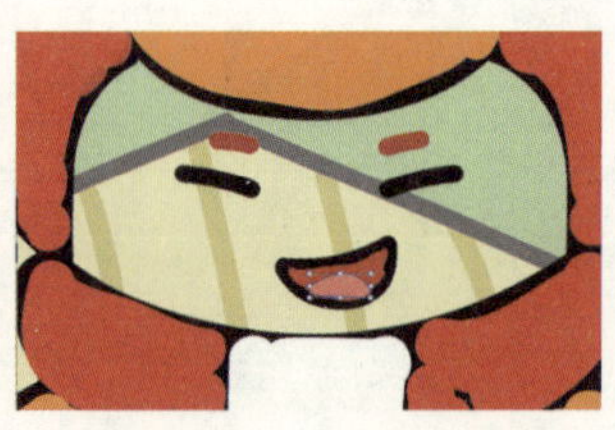

图3-54　小火人舌头涂色

图3-55　小火人脸部涂色

图3-56　风筝涂色

图3-57　图形调整

图3-58　小火人身体阴影涂色

图3-59　小火人脸部阴影涂色

图3-60　小火人翅膀阴影涂色

（21）选择画笔工具，在适当的位置给小火人嘴巴涂色，画笔大小根据情况而定，颜色为深红色（其C、M、Y、K的值分别为10%、90%、100%、0%），进行涂色，并设置描边色为无，效果如图3-53所示。

（22）选择画笔工具，在适当的位置给小火人舌头涂色，画笔大小根据情况而定，颜色为粉红色（其C、M、Y、K的值分别为0%、60%、45%、0%），进行涂色，并设置描边色为无，效果如图3-54所示。

（23）选择画笔工具，在适当的位置给小火人脸涂色，画笔大小根据情况而定，颜色为肤色（其C、M、Y、K的值分别为0%、0%、20%、0%），进行涂色，并设置描边色为无，效果如图3-55所示。

（24）选择画笔工具，在适当的位置给风筝涂色，画笔大小根据情况而定，颜色分别为红色（其C、M、Y、K的值分别为0%、95%、95%、0%）、橙色（其C、M、Y、K的值分别为0%、50%、90%、0%）、蓝色（其C、M、Y、K的值分别为65%、0%、5%、0%）、黄色（其C、M、Y、K的值分别为10%、10%、85%、0%），进行涂色，并设置描边色为无，效果如图3-56所示。

（25）选择选择工具点击小火人描边，拖拽到小火人填充的上层，如图3-57所示。

（26）新建一个图层，选择画笔工具，在适当的位置给小火人身体阴影涂色，画笔大小根据情况而定，颜色为深红色（其C、M、Y、K的值分别为30%、100%、100%、0%），进行涂色，并设置描边色为无，效果如图3-58所示。

（27）选择画笔工具，在适当的位置给小火人脸部阴影涂色，画笔大小根据情况而定，颜色为深肤色（其C、M、Y、K的值分别为5%、5%、35%、0%），进行涂色，并设置描边色为无，效果如图3-59所示。

（28）选择画笔工具，在适当的位置给小火人翅膀阴影涂色，画笔大小根据情况而定，颜色为深橙色（其C、M、Y、K的值分别为20%、60%、100%、0%），进行涂色，并设置描边色为无，效果如图3-60所示。

（29）选择选择工具点击小火人描边，拖拽到小火人阴影的上层，如图3-61所示。

（30）选择画笔工具，在适当的位置给小火人阴影涂色，画笔大小根据情况而定，颜色为深棕色（其C、M、Y、K的值分别为20%、25%、95%、0%），进行涂色，并设置描边色为无，效果如图3-62所示。

（31）设计全部完成，最终效果图参见图3-63。

图 3-61　图形顺序调整

图 3-62　小火人阴影涂色

图 3-63　小火人插画效果图

三、学习任务小结

通过本次课的学习，同学们已经初步了解了画笔工具的基本类型，掌握了使用画笔面板中的画笔为现有路径描边，以及使用画笔工具绘制图形的方法。课后，大家要将本次课所学的知识点和技能点进行反复练习，做到熟能生巧。

四、课后作业

（1）练习使用画笔面板。

（2）利用画笔工具绘制插画，如图 3-64 所示。

图 3-64　插画设计

形状生成器的使用

教学目标

（1）专业能力：熟练掌握 Illustrator 软件中的形状生成器功能，了解办公室贴墙张贴设计的基本要求、设计步骤和设计因素及其用途等相关知识，并能够按要求设计出办公室贴墙张贴。

（2）社会能力：养成细致、认真、严谨的软件操作习惯，具备工匠精神，锻炼自我学习能力，加深对办公室贴墙张贴设计的认识，欣赏不同设计风格，提升自身艺术修养。

（3）方法能力：培养 Illustrator 软件中的形状生成器和办公室贴墙张贴设计的实践操作能力，资料整理和归纳能力，沟通表达和合作能力。

学习目标

（1）知识目标：了解 Illustrator 软件中的形状生成器功能，掌握办公室贴墙张贴设计的相关知识。

（2）技能目标：能熟练运用 Illustrator 软件中的形状生成器功能，进行办公室贴墙张贴设计与制作。

（3）素质目标：通过使用 Illustrator 软件设计办公室贴墙张贴及欣赏各类张贴设计，领略不同设计风格，培养艺术情感，能大胆清晰地表述自己的作品，具备团队协作能力和语言表达能力。

教学建议

1. 教师活动

（1）教师引入本次学习任务情境，示范运用 Illustrator 软件进行办公室贴墙张贴设计与制作。

（2）教师需要在学生进行办公室贴墙张贴设计与制作训练的过程中，引导学生对张贴图形进行细节观察与分析，体会 Illustrator 软件中的形状生成器工具和命令的操作方法与技巧。

（3）教师引导学生举一反三，综合运用 Illustrator 软件中的工具与命令进行不同案例制作的训练。

2. 学生活动

（1）根据教师给出的办公室贴墙张贴设计学习任务，学生认真聆听教师讲解，观察教师对案例的演示操作，同时记录操作方法与技巧。

（2）学生在训练过程中，能够对 Illustrator 软件中的形状生成器功能进行不断分析，利用此工具和命令不断调整以得到最佳制作效果，并与教师进行良好的互动和沟通。

一、学习问题导入

各位同学，大家好！本次课我们一起来学习如何运用 Illustrator 软件进行办公室贴墙张贴设计。企业文化和工作理念是公司的灵魂，它们能够激发员工的创造力和团队的凝聚力。在办公室的白墙上张贴具有公司文化特色的墙贴，不仅能够美化办公环境，还能传达公司的核心价值观和鼓励员工不断进取。

在本课程中，我们将深入了解形状生成器工具的强大功能。通过学习如何分割、合并和修剪不同的形状，同学们将能够创造出独特且富有创意的张贴设计。我们将从简单的形状开始，逐步探索如何通过利用形状生成器工具的高级技巧，打造出一个既简洁又具有视觉冲击力的张贴设计。

设计思路：

作为项目系列设计内容之一，本课任务要求学员在设计“办公室贴墙张贴”时，首先确定张贴的主题和目的，如企业文化、激励标语或艺术装饰。结合公司 VI 元素，设计简洁而有力的视觉语言。使用形状生成器工具增强视觉冲击力。考虑张贴的布局和尺寸，确保与办公环境和谐统一，同时传达出积极向上的工作氛围。

通过本课程的学习，你将能够为聚力广告设计有限公司设计出一系列既符合企业文化，又能够激励员工上进的墙贴。这些墙贴将成为公司文化的一部分，让每位员工在工作的同时，都能感受到公司的关怀和鼓励。让我们应用 Adobe Illustrator 中的形状生成器工具，开始为聚力广告设计有限公司的办公室白墙设计一系列充满创意和正能量的墙贴，让它们成为公司文化和工作理念的生动体现，如图 3-65 所示。

图3-65　办公室墙贴效果图

二、学习任务讲解

（一）案例知识要点

1. 形状生成器的基础知识

在工具箱中选择“形状生成器工具”（快捷键“Shift+M”），如图 3-66 所示。形状生成器工具是一种强大的设计工具，它提供了多种功能来帮助设计师更高效地创建和编辑图形，主要功能包括分割、合并和修剪形状，以生成新的图形。

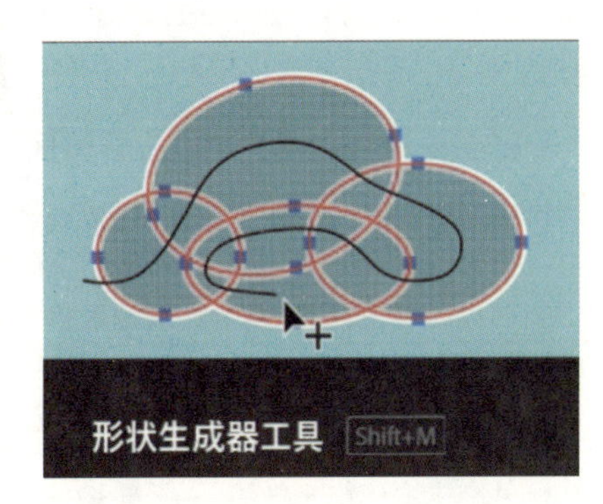

图3-66　形状生成器工具

2. 形状生成器的主要功能

（1）分割形状：如果需要将形状分割为多个部分，可以利用形状生成器的分割模式。通过选中一个形状并使用分割模式，可以将该形状分割成多个独立的图形部分。

选择图形，切换到“形状生成器工具”，它可以自动识别闭合的区域。如图 3-67 所示，这两个圆形相交在一起形成了三个区域，“形状生成器工

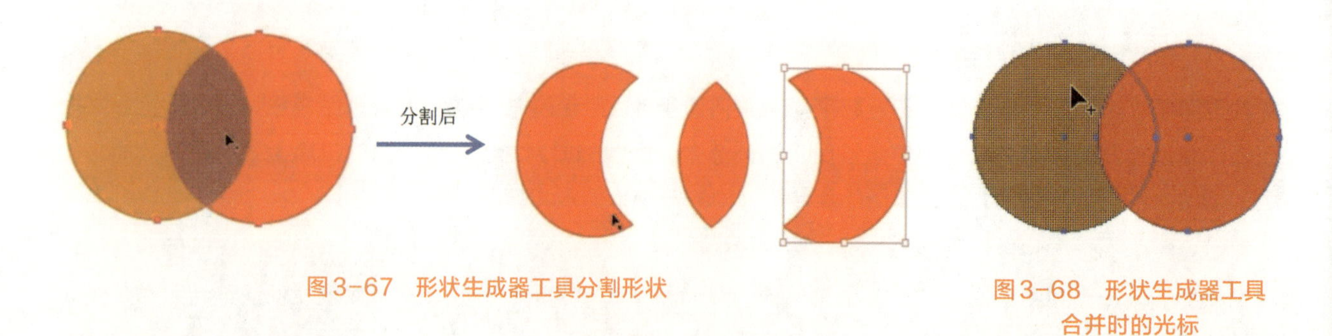

图 3-67　形状生成器工具分割形状

图 3-68　形状生成器工具合并时的光标

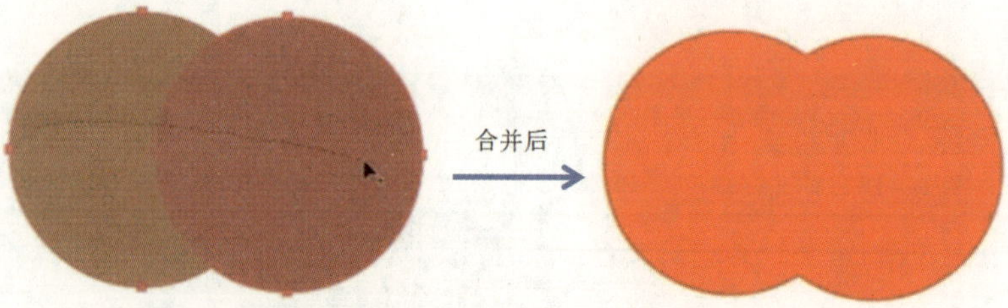

合并后

图 3-69　形状生成器工具合并形状

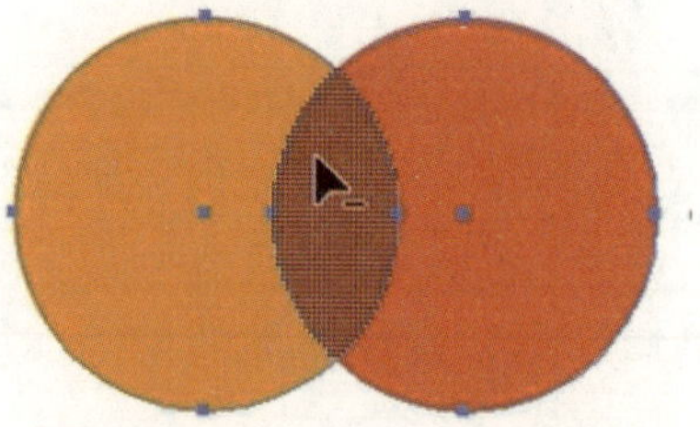

图 3-70　形状生成器工具修剪时的光标

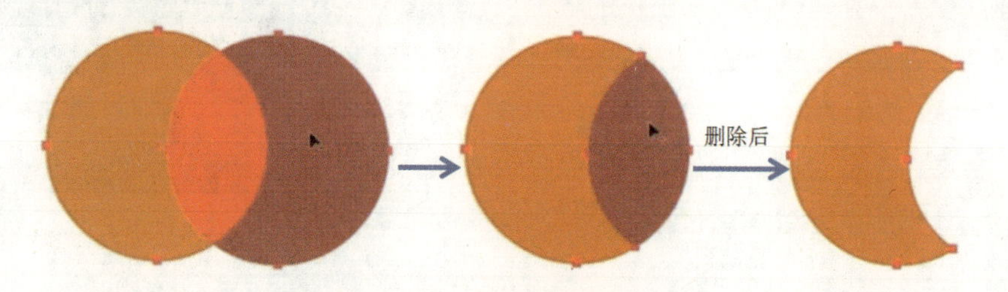

图 3-71　形状生成器工具修剪形状

具”就可以自动识别，当鼠标经过区域的时候会出现网格，网格代表已经选择了该区域，用鼠标分别点击三个区域，再次切换到“选择工具”进行拖动，三个区域已经被独立出来了，这样就完成了形状分割。

（2）合并形状：当需要将多个形状合并为一个整体时，可以使用形状生成器工具的添加模式，通过拖动选中多个形状，将这些形状合并为一个新形状。

选择图形，切换到“形状生成器工具”，在光标的下方有一个小加号，这个加号表示图形的合并，如图 3-68 所示；单击左边圆形并拖动到右边圆形，这样两个圆形就被合并了，如图 3-69 所示。

（3）修剪形状：通过分离和删除形状，使得复杂图形的制作更加灵活、快捷，这对于优化设计流程非常有帮助。

选择图形，切换到“形状生成器工具”，按住 Alt 键，在光标的下方出现一个小减号，这个减号表示图形的删除，如图 3-70 所示；点击目标区域进行修剪删除，如图 3-71 所示。

形状生成器工具的功能主要体现在快速创建独特形状、提供丰富的形状样式选择、可根据特定需求进行定制化设计。

（二）综合技能实训——办公室墙贴设计

1. 新建文档

选择菜单栏“文件”—“新建”—“文档”，设置宽度为 190 mm，高度为 100 mm，方向横向，单击“创建”按钮，创建办公室贴墙张贴设计文件，如图 3-72 所示。

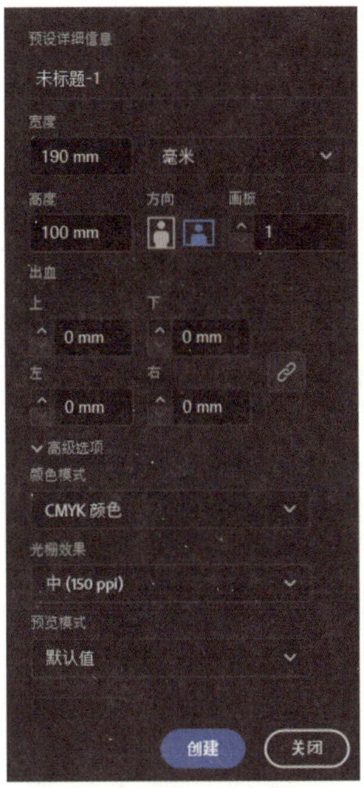

图 3-72　新建文档面板

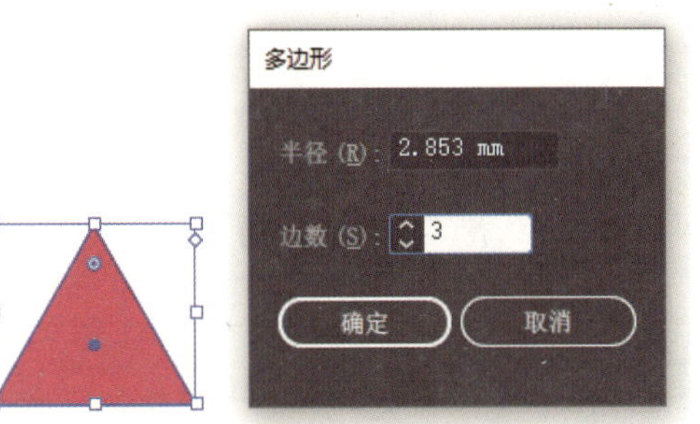

图 3-73　创建三角形的对话框

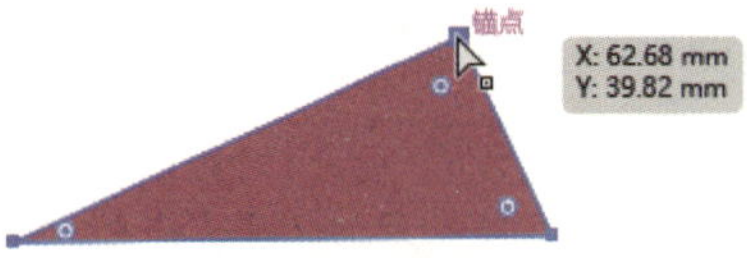

图 3-74　直接选择工具调整三角形锚点

图 3-75　钢笔工具绘制不规则图形

图 3-76　形状生成器工具合并形状

图 3-77　自由变换工具调整矩形

2. 绘制办公室贴墙张贴图形

（1）从左到右绘制图形。选择工具箱中的“多边形工具”，点击页面，弹出“多边形”对话框，将边数改为 3，单击“确定”按钮，绘制一个三角形，填充颜色（C=54%、M=93%、Y=42%、K=0%），如图 3-73 所示。选择“直接选择工具”调整三角形锚点，如图 3-74 所示。

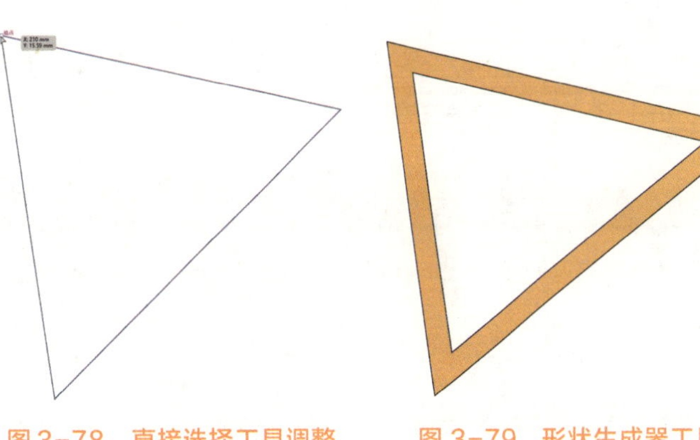

图 3-78　直接选择工具调整三角形锚点

图 3-79　形状生成器工具修剪三角形

（2）选择工具箱中的“钢笔工具”，绘制不规则图形，效果如图 3-75 所示。选择三角形和不规则图形，再选择工具箱中的“形状生成器工具”，点击三角形拖动到不规则图形，两个图形被合并，效果如图 3-76 所示。

（3）选择工具箱中的“矩形工具”，绘制矩形，填充颜色（C=33%、M=86%、Y=42%、K=0%），再选择“自由变换工具”，调整矩形，效果如图 3-77 所示。

（4）选择工具箱中的“多边形工具”，绘制三角形，再选择“直接选择工具”调整三角形锚点，效果如图 3-78 所示。按 Ctrl+C 键复制三角形，按 Shift+Ctrl+V 键原位粘贴三角形，按 Shift+Alt 键等比例中心缩放三角形。选择两个三角形，再选择工具箱中的“形状生成器工具”，按住 Alt 键，点击里面的三角形进行修剪删除，填充颜色（C=0%、M=35%、Y=85%、K=0%），效果如图 3-79 所示。

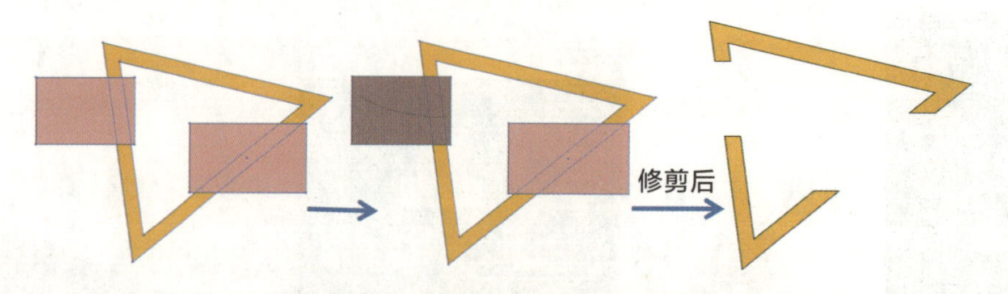

图 3-80　形状生成器工具修剪图形

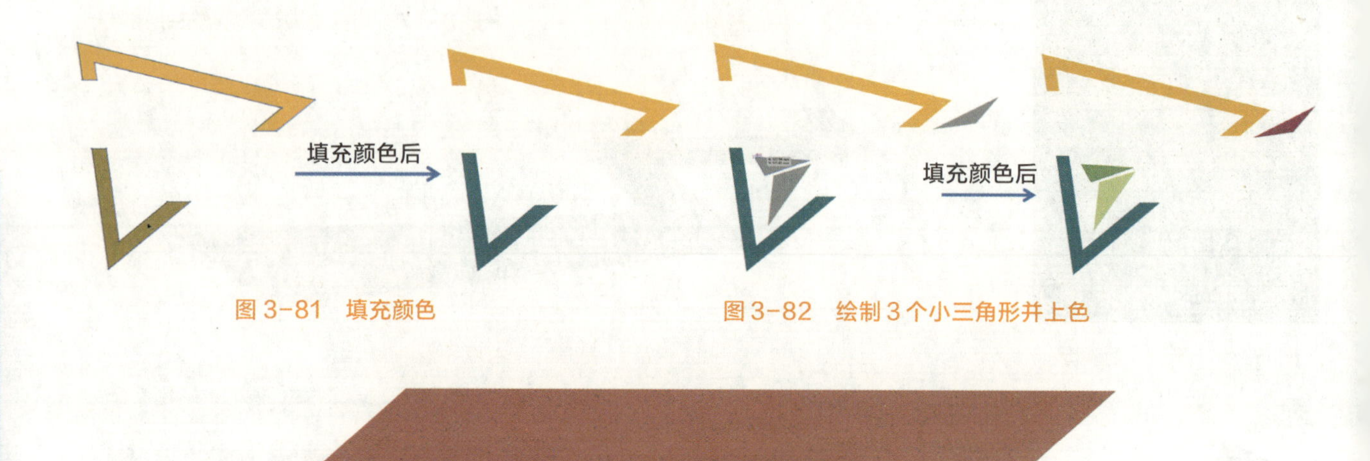

图 3-81　填充颜色

图 3-82　绘制 3 个小三角形并上色

图 3-83　自由变换工具调整矩形

（5）选择工具箱中的“矩形工具”，绘制两个适合大小的矩形，放到空心三角形上方。选择这三个图形，再选择“形状生成器工具”，按住 Alt 键点击拖动两个矩形进行修剪删除，然后点击下方图形，这样下方图形被分割为两个独立图形，效果如图 3-80 所示。选择“选择工具”点击下方图形，填充颜色（C=77%、M=35%、Y=41%、K=0%），效果如图 3-81 所示。

（6）选择工具箱中的“多边形工具”，绘制 3 个适合大小的三角形放到相应的位置，再选择“直接选择工具”调整三角形锚点，从左往右填充颜色（分别是 C=48%、M=19%、Y=66%、K=0%，C=16%、M=7%、Y=51%、K=0%，C=32%、M=85%、Y=43%、K=0%），效果如图 3-82 所示。

（7）选择工具箱中的“矩形工具”，绘制矩形，填充颜色（C=22%、M=64%、Y=49%、K=0%），再选择“自由变换工具”，调整矩形，效果如图 3-83 所示。

3. 绘制办公室贴墙张贴主题文字

选择工具箱中的“文字工具”，点击页面适当位置，输入文字“聚力突破 共赢未来”，字体类型为粗黑，字号按图形比例调整，“聚力”“共赢”文字填充颜色 C=84%、M=48%、Y=47%、K=0%，“突破”“未来”文字填充颜色 C=25%、M=52%、Y=78%、K=0%。

4. 绘制办公室贴墙张贴副标题文字

（1）选择工具箱中的“文字工具”，在两个矩形上分别输入文字“细节决定成败”“行动成就未来”，字体类型为黑体，填充颜色为白色，再选择“自由变换工具”调整字号大小。

（2）在矩形下方分别输入文字“Cohesion breakthrough”“Win win future”，字体类型为 Arial，填充颜色（C=0%、M=35%、Y=85%、K=0%），再选择“自由变换工具”调整字号大小，与图形结合。最终效果如图 3-65 所示。

5. 存储文件

选择菜单栏“文件”—“存储”命令，保存为“办公室贴墙张贴 .ai”文件，单击“保存”按钮，完成办公室贴墙张贴设计制作。

三、学习任务小结

通过本次课程的学习，同学们基本掌握了运用 Adobe Illustrator 软件中的“形状生成器工具”，完成办公室贴墙张贴设计制作的方法，了解了办公室贴墙张贴设计制作的基本要求和设计步骤，并能在设计制作过程中做到精益求精，认真细致。课后，要针对本次课程所讲技能进行反复练习，掌握便捷的制作方式，做到熟能生巧，提高利用软件绘图的效率，举一反三，提升办公室贴墙张贴设计与制作的综合能力。

四、课后作业

请各位同学按照课堂案例实训的步骤，设计制作另一家科技企业的企业文化墙贴，具体要求如下：

（1）结合企业 VI 元素，确定墙贴主题文字和图形。

（2）主题突出，企业文化宣传信息传达明确，图形设计具有美感，简洁而有力，色彩表达准确、美观，符合企业文化墙贴的特点。

（3）考虑企业文化墙贴的布局和尺寸，确保与办公环境和谐统一。

（4）提交企业文化墙贴设计制作源文件和导出 JPG 文件，上传至指定平台或发送给老师进行审阅。

效果图参考图 3-84。

图 3-84　课后作业效果图

项目四 数字图形的色彩表达

学习任务一　渐变工具的使用
学习任务二　实时上色工具的使用
学习任务三　网格工具的使用

渐变工具的使用

教学目标

（1）专业能力：了解渐变概念，熟悉渐变工具位置，掌握渐变类型、颜色选择与搭配、渐变编辑技巧，掌握渐变到对象、复杂图形的渐变处理等操作。

（2）社会能力：具备对色彩和设计的审美能力，以创造视觉上吸引人的渐变效果。在设计需求变化时，能够灵活调整渐变效果以适应新的设计理念。

（3）方法能力：能够根据应用场景的需求，清晰地向客户或团队成员解释渐变设计的选择和效果；在设计需求变化时，能够接受并整合来自客户或同事的反馈，以便灵活调整渐变效果以适应新的设计理念。

学习目标

（1）知识目标：了解渐变原理，熟悉渐变工具的位置，熟知色彩理论及渐变类型的相关基础知识。

（2）技能目标：能熟练使用渐变工具进行基本的渐变创建和编辑；能够调整渐变的颜色、方向、角度和透明度等属性；能将渐变效果应用到各种图形和路径上，包括复杂形状；能利用渐变工具进行创意表达，增强设计作品的视觉冲击力。

（3）素质目标：根据应用场景的需求培养对色彩和设计的审美能力，提高作品的艺术性；培养严谨、细致的学习态度，发现问题、解决问题的能力。

教学建议

1. 教师活动

清晰地讲解渐变的基本概念和原理，确保学生了解其重要性；分析渐变在设计中的应用和效果；联系实际的设计案例，向学生展示渐变工具的功能，包括创建、编辑和应用渐变效果；通过设计讨论和练习，激发学生的创意思维，鼓励他们尝试不同的渐变效果。

2. 学生活动

认真聆听教师对渐变工具的讲解，能根据课堂任务将所学知识应用到模拟案例设计中；课堂讨论中积极提出问题并发表想法，并根据教师的反馈反思自己的设计；通过反复练习，提高对渐变工具操作的熟练度，尝试将渐变工具用于个人创意项目，发挥自己的想象力，探索渐变工具在其他设计领域的应用，拓宽设计视野。

一、学习问题导入

办公室的私密性和安全感对于员工的工作效率和幸福感至关重要，然而，过于透明的玻璃墙可能会让员工感到不适。通过设计一款半透明的玻璃贴纸，我们不仅能够解决这个问题，还能为办公室增添一抹独特的艺术气息。

在本课程中，我们将深入探讨渐变工具的使用方法。同学们将学习到如何创建平滑的颜色过渡效果，以及如何通过调整渐变的角度和范围来实现不同的视觉效果。我们将从简单的线性渐变开始，逐步探索如何运用径向渐变、角度渐变等高级技巧，为玻璃贴纸设计出富有层次感和动态美的色彩效果。需要依据玻璃贴纸设计规范进行设计，在规定时间内完成设计并进行打印制作。

通过本课程的学习，同学们将能够为树智媒体广告设计有限公司的办公室玻璃墙设计出一款既美观又实用的半透明玻璃贴纸。这不仅能够提升员工的工作体验，还能展示公司对细节的关注和对员工福祉的重视。

让我们应用 Adobe Illustrator 渐变工具，开始为树智媒体广告设计有限公司的办公室玻璃墙设计一款独具匠心的渐变玻璃贴纸，让它成为办公室中的一道亮丽风景线，如图 4-1 所示。

设计思路：

作为项目系列设计内容之一，本课任务要求学生在设计办公室渐变玻璃贴纸时，首先考虑办公室的隐私与透光需求，选择合适的透明度。结合公司 VI 系统，确定贴纸的基本色彩和风格。利用渐变工具创造柔和的视觉效果，同时考虑图案设计以增加艺术感和品牌识别度。确保设计在保障私密性的同时，也能美化办公环境，提升员工的工作体验。

图 4-1　办公室渐变玻璃贴纸

二、学习任务讲解

（一）渐变工具的基础知识

1. 渐变工具简介

Adobe Illustrator 中的渐变工具具有强大的绘图功能，它允许用户创建平滑过渡的颜色效果，使作品更加生动和富有吸引力。渐变工具提供了多种渐变类型，包括线性渐变、径向渐变、角度渐变、对称渐变和反射渐变等，以满足不同设计需求。渐变工具及其属性栏如图 4-2 和图 4-3 所示。

图 4-2 渐变工具在工具箱中的位置

图 4-3 渐变工具属性栏

2. 渐变的分类

（1）线性渐变：颜色沿着直线方向逐渐过渡，如图 4-4（a）所示。

（2）径向渐变：颜色从中心向外辐射，形成圆形或椭圆形的过渡效果，如图 4-4（b）所示。

（3）任意形状渐变：这种渐变类型可以在某个形状内使色标形成逐渐过渡的混合，可以是有序混合，也可以是随意混合，以便混合看起来平滑、自然，如图 4-4（c）所示。

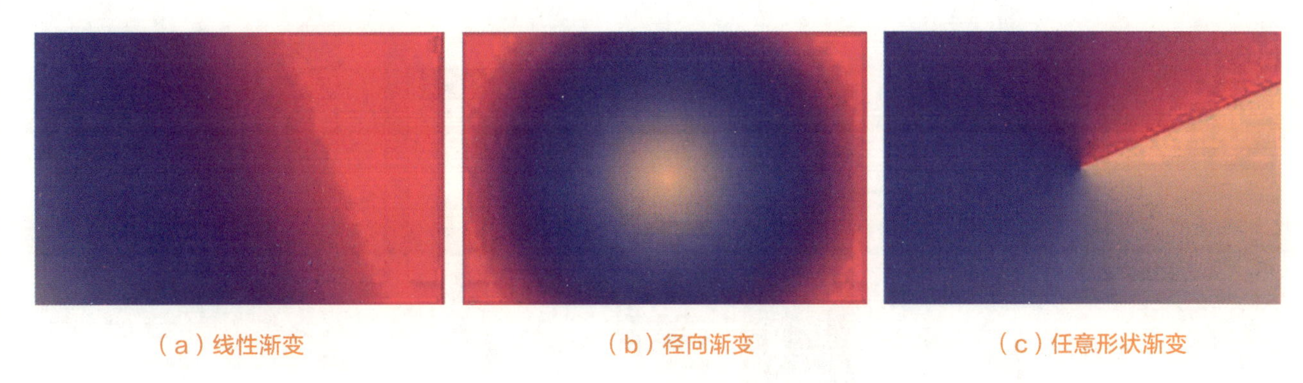

（a）线性渐变　（b）径向渐变　（c）任意形状渐变

图 4-4 渐变效果图

3. 渐变工具的主要应用

使用渐变工具时，用户可以通过调整色标的位置、颜色和不透明度来控制渐变的效果。此外，还可以通过设置渐变的角度、方向、位置和渐变条的宽度等选项，精确控制渐变效果，以达到预期的视觉效果。在使用渐变工具时，掌握一些快捷键可以加快操作速度，例如，按住 G 键可以快速切换到渐变工具，按住 Shift 键可创建更均匀的渐变效果。

渐变工具的应用范围广泛，不仅能够应用于对象的填色，还可应用于对象的描边，通过选择填充或描边，可以为对象分别添加渐变色，实现丰富的视觉效果。渐变颜色的设置与效果如图 4-5 所示。

渐变工具应用时，基本操作如下。

（1）选择渐变工具：在工具箱中选择“渐变工具”（通常标记为“G”）。

（2）设置渐变选项：在工具箱右侧的“渐变”面板中，可以设置渐变的类型（线性、径向、角度等）、位置、颜色、不透明度等属性。

（3）应用渐变：点击并拖动鼠标在画布上绘制出渐变效果。在绘制过程中，可以随时调整渐变的方向和颜色。

（4）复制渐变：如果需要在同一图形上应用多个渐变效果，可以先创建一个渐变效果，然后复制并粘贴到其他部分。

（5）调整渐变顺序：在“图层”面板中可以调整渐变图层的顺序，以实现不同的渐变效果。

（6）变换渐变：选中渐变图层后，使用“自由变换工具”（Ctrl+T），可以对渐变效果进行旋转、缩放、倾斜等变换操作。

（7）修改渐变中的颜色：可以修改预设渐变或创建新的渐变。双击渐变色标或在“渐变”面板中直接编辑颜色。

（8）添加中间色：将颜色从“色板”面板或“颜色”面板拖到“渐变”面板中的渐变滑块上，以添加中间色。

（9）调整颜色位置：通过拖动颜色点在渐变条上的位置，可以调整颜色的分布和渐变效果。

通过上述步骤和技巧，用户可以灵活运用 Adobe Illustrator 的渐变工具，创造出各种视觉上富有吸引力和表现力的设计作品。

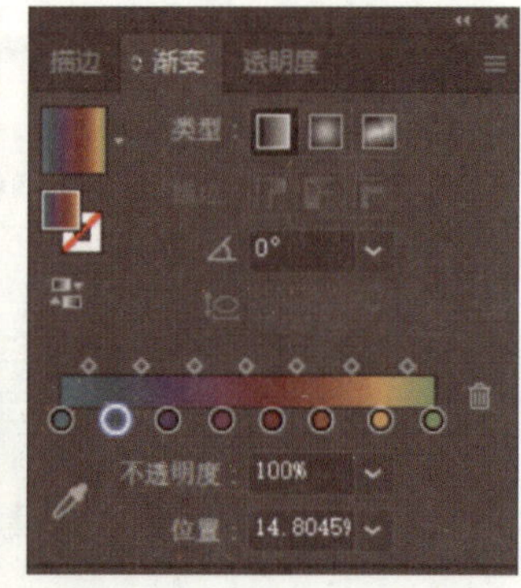

图4-5　渐变颜色的设置与效果

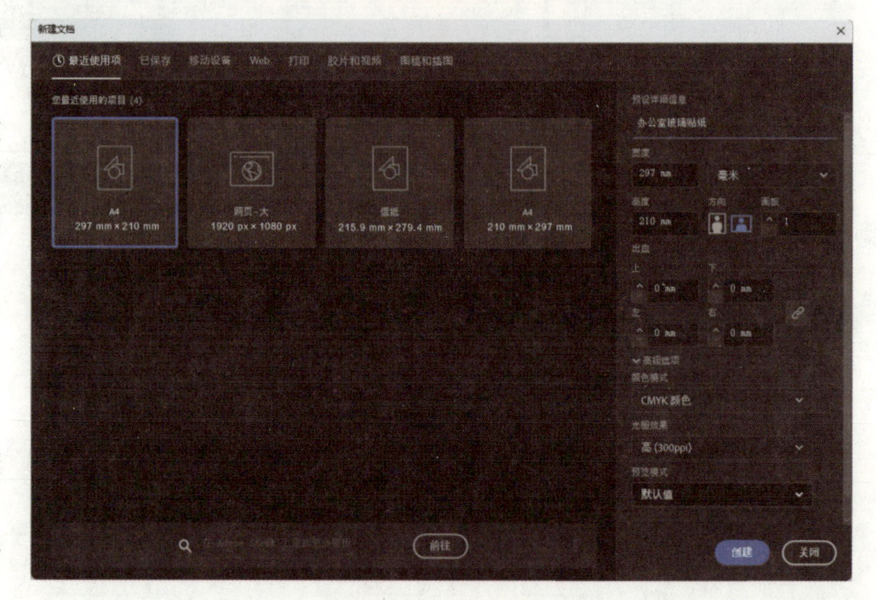

图4-6　新建文档

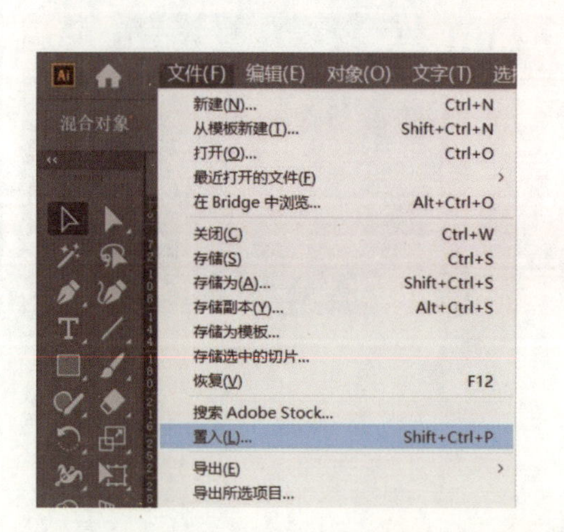

图4-7　素材置入

（二）技能综合实训——办公室渐变玻璃贴纸设计

（1）新建文档，尺寸为 A4，页面方向为横版，具体参数参见图 4-6。

（2）选择菜单“文件”—“置入”，导入素材，如图 4-7 所示。

图 4-8　调整尺寸

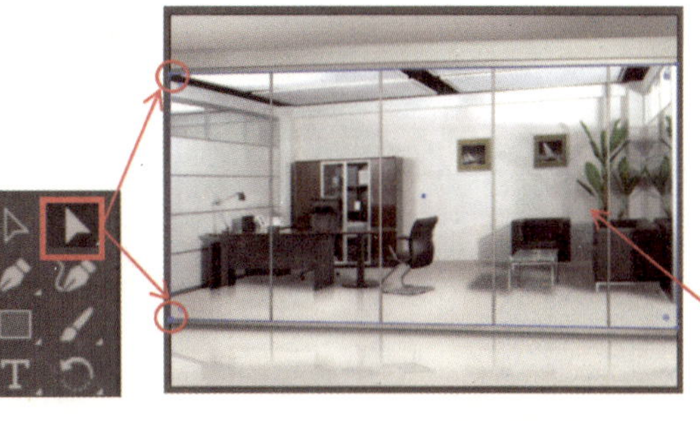

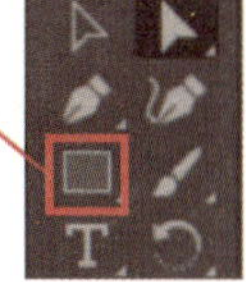

图 4-9　工具对应素材使用的位置

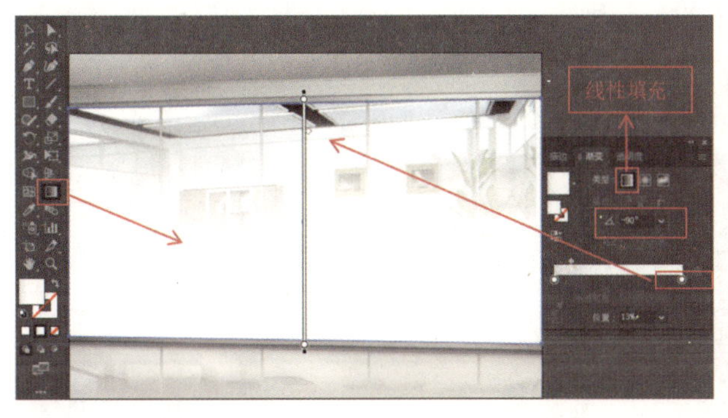

图 4-10　渐变方向及透明度设置

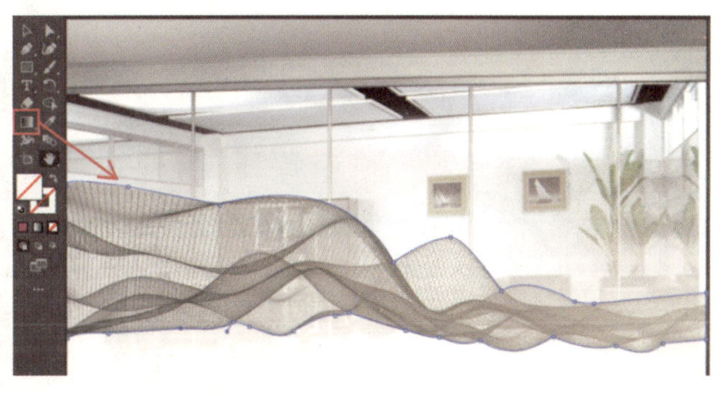

图 4-11　钢笔工具勾勒网纹轮廓效果

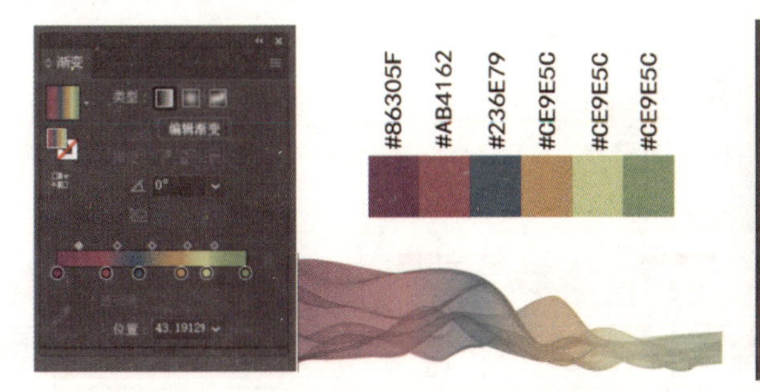

图 4-12　配色方案、颜色渐变设置及效果

图 4-13　添加玻璃间隔效果

（3）调整工作面板尺寸。调整工作区域的尺寸，使其与背景素材一致。用“选择工具”点击素材，获取素材尺寸，再点击工作区域，在“属性”面板中调整工作面板的尺寸，如图 4-8 所示。

（4）绘制渐变区域。用矩形工具绘制一个与玻璃大小相仿的矩形，再用直接选择工具去调控点，使之与背景素材玻璃范围一致，如图 4-9 所示。

（5）渐变设置。保持选中调整后的矩形的状态，点击渐变工具，使用线性填充，调整渐变面板中从白色透明至白色的渐变过渡，建议游标位置在 25%，然后按住鼠标拉动，以从上向下（－90°）的方式填充，如图 4-10 所示。

（6）勾勒网纹轮廓。用钢笔工具贴边勾勒出科技感网格纹理，如图 4-11 所示。

（7）渐变填充。根据配色方案进行渐变颜色的设定，如图 4-12 所示。

（8）添加间隔效果。用矩形工具添加玻璃间隔，并定位好企业 LOGO 位置，如图 4-13 所示。

（9）文档保存。最后编组所有的图层，并进行倒置和透明度的操作，模仿出地砖反光的效果，按“Ctrl+S”对图像进行保存，即可完成办公室玻璃贴纸的设计，效果图如图 4-1 所示。

三、学习任务小结

本次课主要学习了渐变工具的概念、位置、类型、颜色选择与搭配、编辑技巧等知识点，并应用渐变工具进行了树智媒体公司办公室玻璃贴纸设计的实训。课后，大家要反复练习本次课所学知识点和技能点，做到熟能生巧。

四、课后作业

请结合 Illustrator 制作一张花朵渐变海报，效果如图 4-14 所示。

图 4-14　海报效果图

实时上色工具的使用

教学目标

（1）专业能力：了解实时上色工具的工作原理，包括路径的创建和闭合路径的识别。熟悉实时上色工具的基本操作，包括工具的选择和使用。能够对矢量图形的不同区域或路径进行精确上色等。

（2）社会能力：具备对色彩和设计的审美能力，懂得与客户或团队成员沟通设计意图和上色需求。在设计需求变化时，能够灵活在设计中利用实时上色工具修改使用场景，以适应新的设计理念。

（3）方法能力：能够根据应用场景的需求，评估和选择最适合特定设计项目的上色方法和工具，有效地规划设计配色方案，配合创新思维，利用实时上色工具探索新的上色技术和视觉效果，进行高效上色。

学习目标

（1）知识目标：了解实时上色工具的功能和它在矢量图形设计中的应用。掌握实时上色工具的工作原理、使用限制及适用场景，以及它如何与 Illustrator 其他工具和功能交互的相关基础信息。

（2）技能目标：熟练使用实时上色工具进行矢量图形的上色操作，能够学会调整和修改实时上色组中的填充和描边，以满足设计需求。能将实时上色工具应用到各种图形和路径中，包括复杂形状；能利用实时上色工具进行创意表达，增强设计作品的视觉冲击力。

（3）素质目标：增强创新意识，积极尝试不同的配色技术和风格，创造独特的设计作品。培养细致观察的能力，注意设计细节，确保上色效果的精确性和美观性，提升作品的视觉吸引力。

教学建议

1. 教师活动

清晰地讲解实时上色的基本概念和原理，确保学生理解其重要性；演示实时上色工具的基本操作，包括工具的选择、路径的创建和上色组的建立；联系实际的设计案例，讲解实时上色工具的应用场景，帮助学生理解其在设计中的重要性；提供实际案例分析，展示如何使用实时上色工具解决具体的设计问题；组织课堂练习和小组讨论，鼓励学生分享自己的上色技巧和经验，激发学生的创意思维，鼓励他们尝试不同的上色效果。

2. 学生活动

认真观看教师的演示，理解实时上色工具的操作流程，积极参与课堂讨论，与同学交流上色技巧和心得，能根据课堂任务，将所学知识应用到模拟案例设计中；课堂讨论中积极提出问题并发表想法，尝试将实时上色工具用于个人创意项目，并根据教师的反馈，反思自己的设计，对自己的设计作品从色彩搭配、视觉效果等方面进行自我评价，并通过不断的练习提高自己的技能水平。

一、学习问题导入

LOGO 是企业形象的核心，它不仅代表了公司的品牌理念，也是公司与消费者建立情感联系的重要纽带。一个优秀的 LOGO 设计能够迅速传达公司的价值观和专业形象。在本课程中，我们将深入了解实时上色工具的强大功能。通过学习实时上色工具的使用，你将能够创造出色彩丰富且有创意的 LOGO 设计。我们将从简单的形状开始，逐步探索如何通过实时上色工具打造出一个既简洁又具有视觉冲击力的 LOGO。需要依据 LOGO 设计规范进行设计，在规定时间内完成设计。

通过本课程的学习，你将能够为树智媒体广告设计有限公司设计出一个能够代表公司特色、易于识别且具有传播力的 LOGO。这将有助于公司在竞争激烈的市场中脱颖而出，建立起独特的品牌形象。

设计思路：

作为项目系列设计内容之一，本课任务要求学生在设计企业 LOGO 时，首先明确公司的行业属性、核心价值和品牌理念；研究目标市场和竞争对手，确定 LOGO 的风格和调性。利用图形工具和钢笔工具制作创意图形，并利用实时上色工具对图形和文案进行着色，确保 LOGO 简洁、易识别。考虑 LOGO 在不同媒介和尺寸下的适用性，确保设计的灵活性和持久性。企业商标 LOGO 如图 4-15 所示。

图 4-15　企业商标 LOGO

二、学习任务讲解

（一）实时上色工具基础知识

1. 实时上色工具简介

实时上色工具是 Adobe Illustrator 提供的一项强大功能，是一种基于矢量图形的上色方法，它允许用户对矢量图形的不同区域或路径进行快速且直观的上色处理，可在不作用于图形轮廓的情况下，轻松调整颜色和纹理。使用实时上色工具时，可以创建闭合路径，然后在这些路径交叉形成的区域内填充颜色，实现复杂的上色效果。

2. 实时上色工具的主要应用

实时上色工具的优势在于，当调整路径形状时，之前应用的颜色会自动应用到由编辑后的路径所形成的新区域，保持设计的灵活性和动态性。此外，实时上色工具还支持对边缘进行描边，提供了更多的设计选项。

在使用实时上色工具时，需要注意一些限制和技巧，比如某些功能和命令可能不适用于实时上色组中的路径，或者作用方式会有所不同。同时，实时上色工具利用了多个处理器，有助于 Illustrator 更快地执行操作。

此外，还可以通过实时上色选择工具（快捷键 Shift+L）来选择和调整特定区域的颜色，实现更精细的上色控制。实时上色工具的使用还包括对间隙的处理，可以通过创建新路径、编辑现有路径或调整间隙选项来封闭间隙，避免颜色渗透到不应上色的区域。实时上色工具的基本操作如下：

（1）使用钢笔工具或其他绘图工具创建闭合路径或路径交叉；

（2）选择所有需要上色的路径；

（3）通过选择“对象”—“实时上色”—“建立”来创建实时上色组；

（4）选择实时上色工具（快捷键 K），在闭合路径交叉形成的区域内点击或拖动以填充颜色；

（5）可以为每个表面或边缘选择不同的颜色、图案或渐变效果进行填充或描边。

实时上色工具是 Adobe Illustrator 中一个非常有用的功能，它通过直观的操作方式，为用户提供了一种快速且灵活的上色解决方案。

（二）技能综合实训

（1）新建文档，尺寸和属性设置参见图4-16。

（2）使用钢笔工具，先绘制企业LOGO轮廓，再绘制上色分隔线，如图 4-17 所示。

（3）实时上色。选择实时上色工具，并在属性栏中点击“合并实时上色”至灰色状态，实现非闭合路径实时上色，如图 4-18 所示。

（4）绘制填充区域。在使用实时上色工具时，首先选中所有路径，可以通过按快捷键“Alt”在实时上色工具和吸管工具之间进行切换，按照配色方案（见图4-19）依次进行取色并逐部分填充。实时上色后效果如图 4-20 所示。

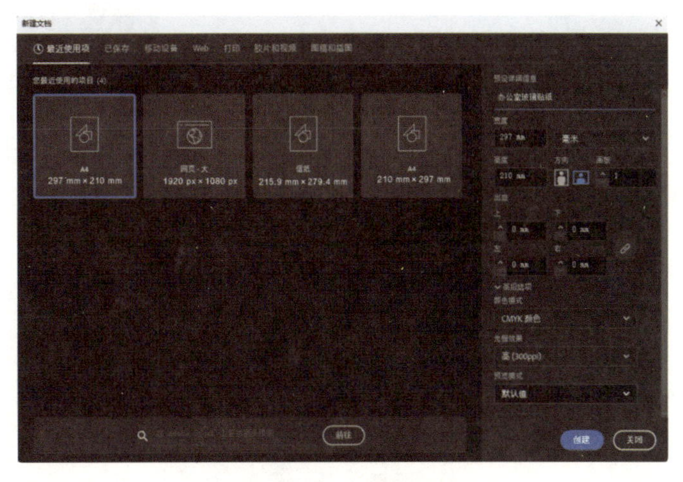

图 4-16　新建文档

（5）文案录入。用文字工具分别录入中文与英文文案，如图 4-21 所示。

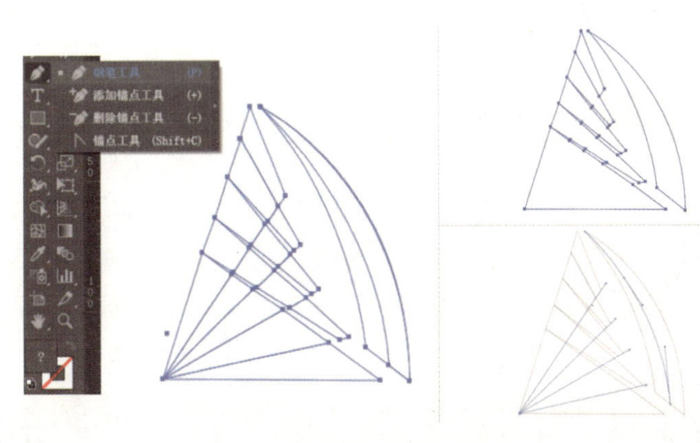

图 4-17　钢笔工具勾线轨迹

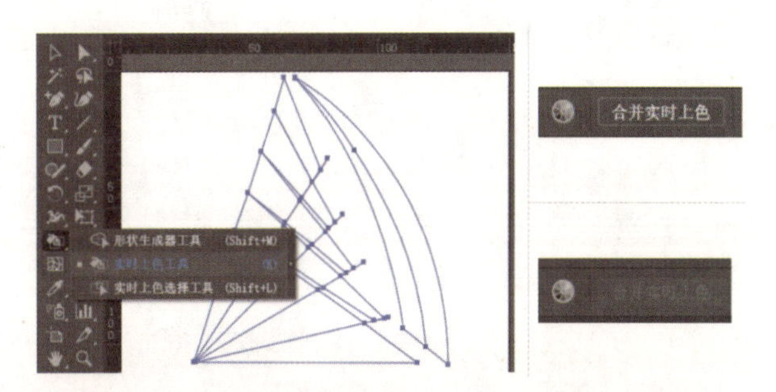

图 4-18　实时上色工具位置及非闭合路径上色

图 4-19　案例配色方案

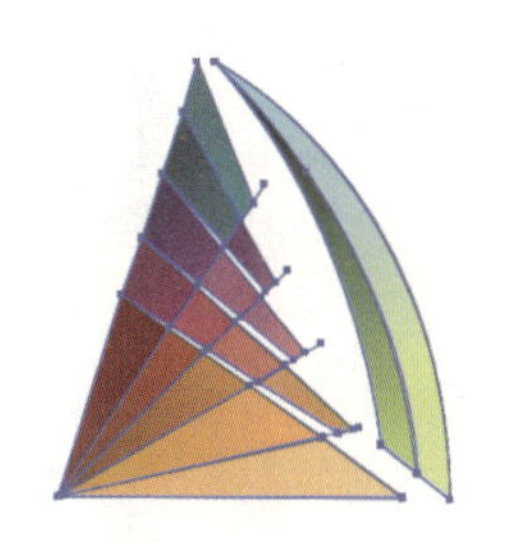

图4-20　实时上色后效果

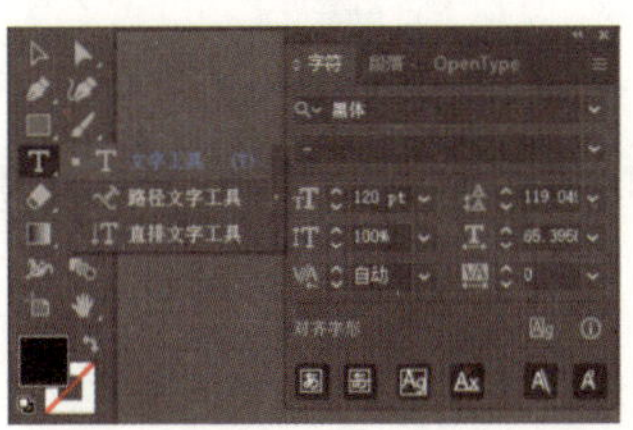

树智媒体
DIGITAL MEDIA

图 4-21　文案录入及效果

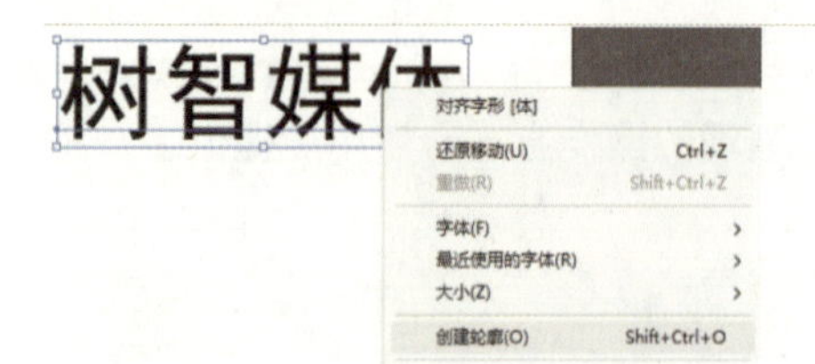

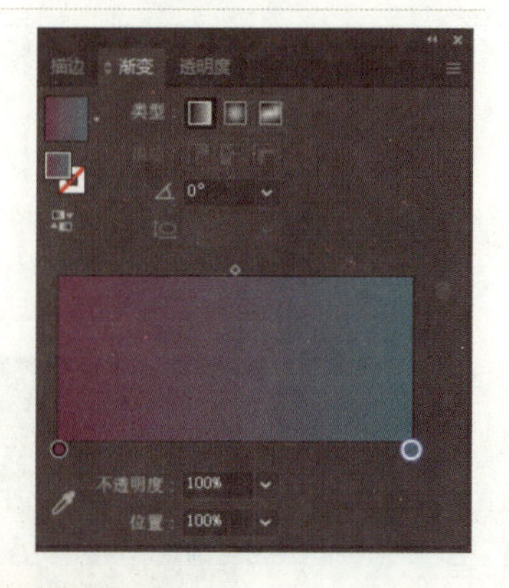

图4-22 文字创建轮廓和渐变颜色设置

图4-23 海报效果图

（6）文案上色。选中文案，创建轮廓，然后利用渐变工具设置渐变颜色并上色，如图 4-22 所示。

（7）文档保存。最后，调整好图案和文案的位置，按“Ctrl+S”对图像进行保存，即可完成企业商标LOGO的设计，效果图如图4-15所示。

三、学习任务小结

本次课主要学习了实时上色工具的工作原理，包括路径的创建和闭合路径的识别，熟悉了实时上色工具的基本操作方法。同时，实操练习了树智媒体企业商标 LOGO 的设计与制作过程。课后，大家要反复练习本次课所学知识点和技能点，做到熟能生巧。

四、课后作业

请制作一幅多彩篮球场海报，效果如图 4-23 所示。

网格工具的使用

教学目标

（1）专业能力：理解网格工具的基本概念，了解网格工具的工作原理，能够将网格工具应用于创意设计中。

（2）社会能力：具备对色彩和设计的审美能力，能够清晰地向他人解释网格工具的功能和自己的设计意图。在面对设计需求变化时，能够灵活运用网格工具进行调整。

（3）方法能力：面对设计挑战时，能够运用网格工具找到解决方案；在设计需求变化时，能够接受并整合来自客户或同事的反馈，以便灵活调整网格效果以适应新的设计理念。

学习目标

（1）知识目标：了解网格工具的基本概念，熟悉网格工具的位置，熟知渐变网格工具的应用及相关基础信息。

（2）技能目标：能熟练使用网格工具创建渐变图形、编辑渐变网格、实现颜色修改，学会精确地移动和调整网格节点，以实现预期的设计效果。能够精细控制网格节点进行创意性的设计工作，以实现复杂且独特的设计效果。

（3）素质目标：通过使用网格工具，提高对设计细节的观察和处理能力，提升个人的审美水平和设计鉴赏能力，提高作品的艺术性；培养创新思维，探索网格工具的新用途和新效果。

教学建议

1. 教师活动

清晰地讲解网格工具的基本概念和原理，确保学生理解其重要性；分析网格在设计中的应用和效果；展示网格工具在实际设计项目中的应用案例，帮助学生理解其实际用途；通过设计讨论和练习，激发学生的创意思维，鼓励他们尝试不同的创作效果。

2. 学生活动

认真聆听教师对网格工具应用的讲解，能根据课堂任务，将所学知识应用到模拟案例设计中；在课堂上积极参与讨论和实践，主动提问和分享自己的见解，并根据教师的反馈，反思自己的设计；按时完成教师布置的作业和设计任务，以巩固所学知识；通过反复练习，提高对网格工具操作的熟练度，尝试将网格工具用于个人创意项目，发挥自己的想象力，探索网格工具在其他设计领域的应用，拓宽设计视野。

一、学习问题导入

业绩是公司生命力的象征，而一个精心设计的网格不仅可以清晰地展示销售数据，还能作为团队努力的见证，激发成员们不断追求卓越。网格工具能够帮助我们创建有序且美观的布局，让复杂的数据信息变得易于理解和具有吸引力。

在本次课程中，同学们将学习到如何使用网格工具来组织和展示业绩数据。我们将从创建基础网格开始，逐步学习如何调整网格的行和列，以及如何通过网格对齐和分布对象来优化设计。此外，同学们还将掌握如何利用网格来增强视觉层次感，使业绩展示既专业又具有吸引力。需要依据业绩墙贴设计规范进行设计，在规定时间内完成设计并最终交付制作。

通过本课程，同学们将能够为树智媒体广告设计有限公司设计出一个既实用又美观的业绩展示网格，帮助公司稳定运营，同时激励销售团队勇往直前，争取更好的业绩。让我们开始动手，运用矩形网格和渐变网格工具，为树智媒体广告设计有限公司的销售团队设计出一款能够激发斗志、展示成就的业绩展示网格。整体效果参见图 4-24。

设计思路：

作为项目系列设计内容之一，本课任务要求学生在设计销售业绩墙贴时，首先确定墙贴的主题和目的。使用网格工具制作网格时，注意增强色彩协调性和视觉冲击力。考虑墙贴的布局和尺寸，确保色彩与 VI 系统颜色贴近。

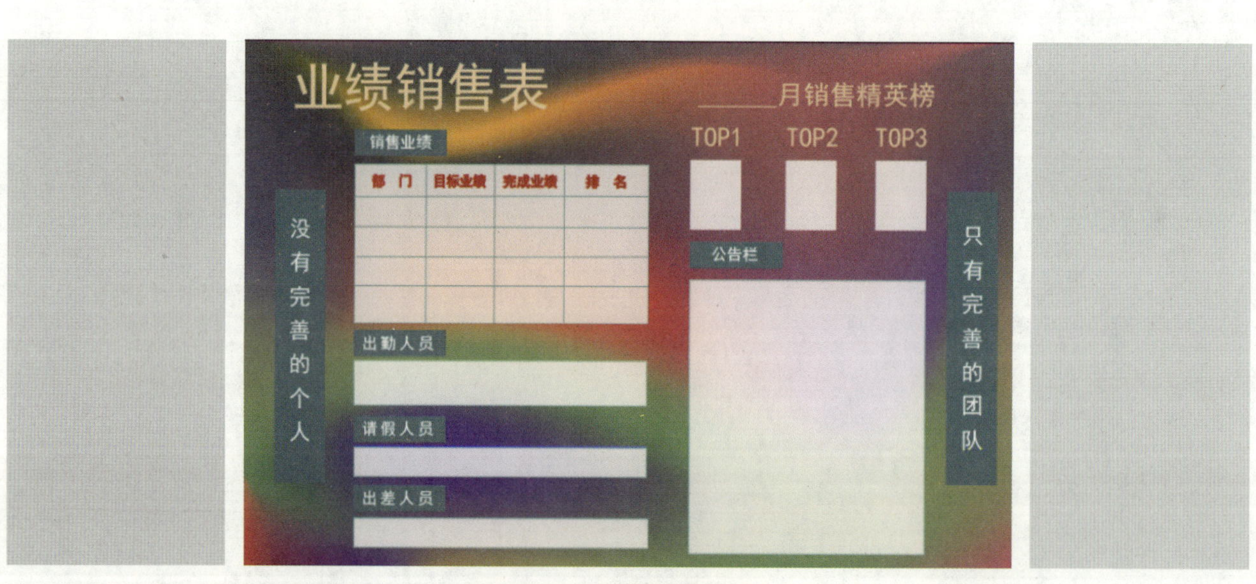

图 4-24　销售业绩墙贴设计

二、学习任务讲解

（一）理论知识讲解

1. 网格工具基础知识

Adobe Illustrator 渐变网格工具的主要作用在于创建和调整渐变效果，使设计作品更加生动和具有层次感。通过渐变网格工具，用户可以在矢量图形中实现各种方向的渐变，如线性渐变、径向渐变、角度渐变等，同时允许自定义渐变颜色，使得设计作品更加丰富多彩。此外，渐变网格工具还提供了对渐变网格的编辑功能，包括调整网格点的位置、大小和颜色，以及添加或删除网格点，从而实现各种丰富的渐变效果。

使用网格工具时，重要的是要有耐心和创造性，因为通过细致的编辑，你可以创造出几乎无限的可能性。

2. 网格工具的主要应用

Adobe Illustrator 的网格工具是一种强大的设计工具，它允许用户创建和编辑基于网格的图形，从而实现精确的设计和对齐。渐变网格工具允许用户在矢量图形中创建丰富的渐变效果，包括线性渐变、径向渐变、角度渐变等。通过渐变网格，用户可以自定义渐变颜色，使设计作品更加生动和时尚。此外，渐变网格工具还允许用户编辑渐变网格，包括调整网格的颜色、节点以及渐变方向和位置，以达到所需的效果。这种工具在标志设计、排版、插图等方面有广泛应用，帮助用户创建出多样且吸引人的视觉效果。

具体来说，渐变网格工具的应用包括以下方面。

（1）创建渐变图形：用户可以选择一个形状（非复合形状），然后通过定义网格的行数和列数，在形状上创建渐变网格。网格线依据形状的原外观轮廓生成，用户可以通过调整网格点的位置和颜色来实现各种丰富的渐变效果。

（2）编辑渐变网格：创建渐变网格后，用户可以通过调整网格点的位置、大小和颜色，以及添加新的网格点来进一步编辑渐变效果。此外，用户还可以通过拖动网格线来改变渐变的方向和位置，或者通过删除网格点来简化渐变效果。

（3）实现颜色修改：用户可以选择网格点并修改其颜色，实现颜色的灵活应用。用户也可以一次性修改多个网格点的颜色，或者通过删除网格点来调整颜色的分布。

（4）删除网格：如果需要删除网格，可选择“对象”—“渐变网格”—“删除网格”命令或采用快捷键 Ctrl+Shift+Alt+G。

综上所述，Adobe Illustrator 中的渐变网格工具是一种强大的设计工具，它使得用户能够以极高的灵活性和创造性在设计中实现复杂的渐变效果和颜色修改。

（二）技能综合实训——销售业绩墙贴设计

（1）新建文档。作为打印物料，办公室墙贴按照常规尺寸，可设置为宽度 150 cm，高度 100 cm，并需要设置出血线，出血尺寸通常为 3 mm，如图 4-25 所示。

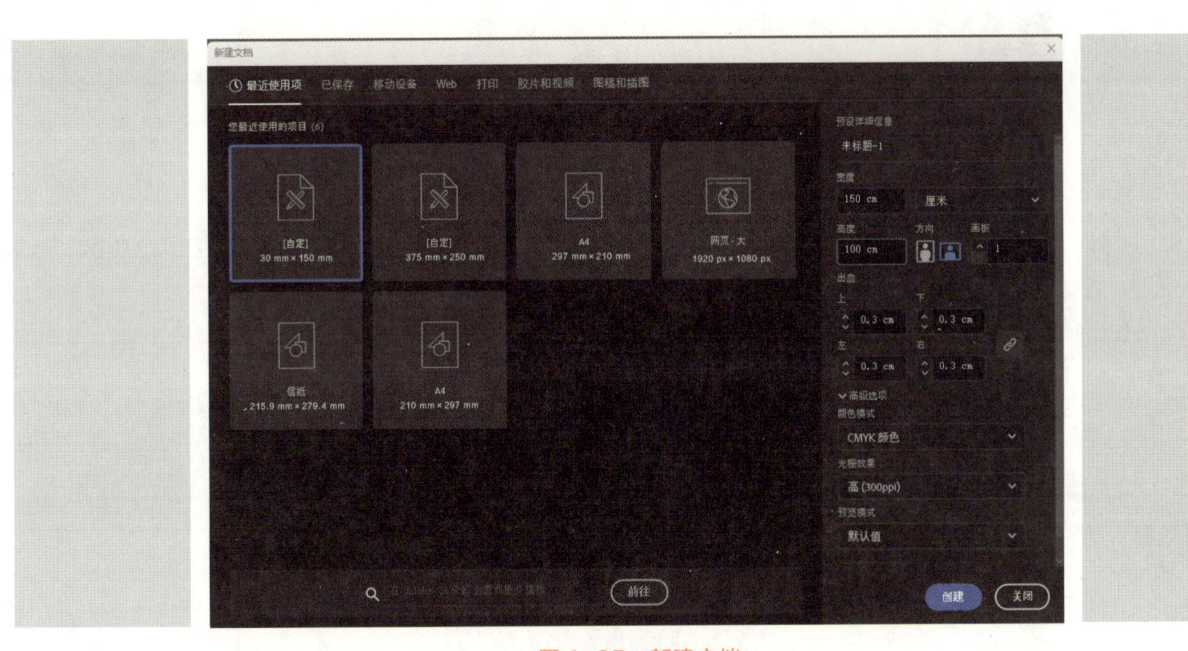

图 4-25　新建文档

（2）绘制矩形色块。用矩形工具画一个与画布同等大小的矩形，并任意填充一种颜色，如图 4-26 所示。

（3）绘制网格。在工具箱中选中网格工具，并调节网格，如图 4-27 所示。

图 4-26　绘制销售业绩表背景

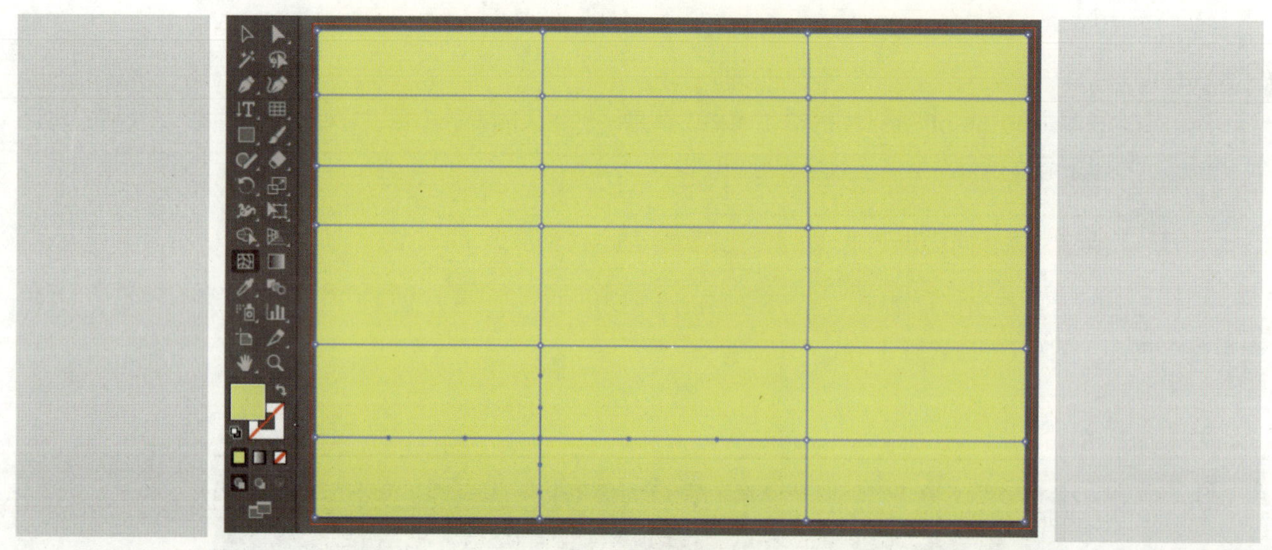

图 4-27　绘制网格

（4）网格变形。为了方便操作，我们用直接选择工具来选中网格点（可点选，也可以框选多个点），并进行任意变形，如图 4-28 所示。

（5）色板调色。打开颜色面板，选中一个点或者多个点之后，在颜色面板中选择想要的颜色即可，如图 4-29 所示。

（6）文案排版。用矩形工具和文字工具制作版面并编组，如图 4-30 所示。

（7）常规表格制作。销售业绩的小表格，可以用矩形网格工具进行绘制，设置好水平分隔线数量和垂直分隔线数量，直接拉出相应大小即可，如图 4-31 所示。

（8）边框着色。选中表格，选择描边颜色，给表格添加边框线，如图 4-32 所示。

图4-28　网格变形效果

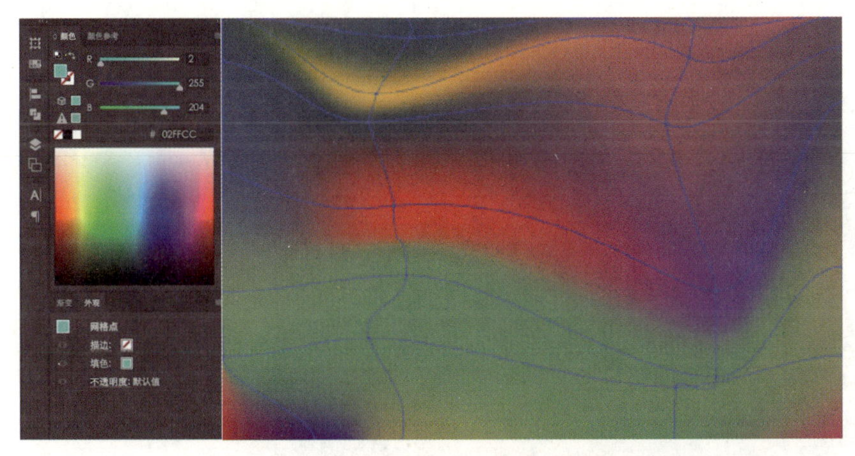

图4-29　颜色面板及渐变着色后效果

图4-30　销售业绩表内容

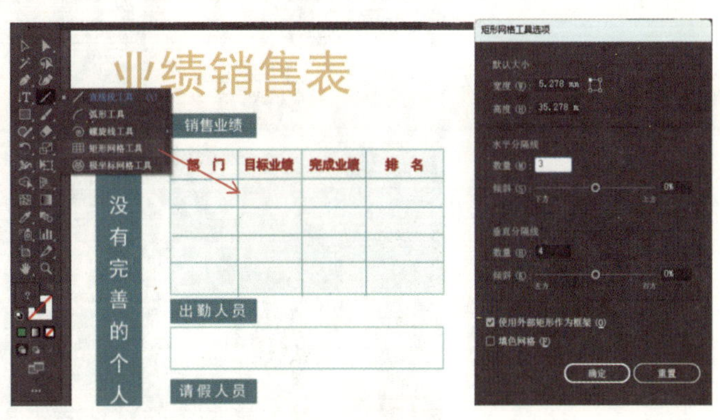

图4-31　表格绘制

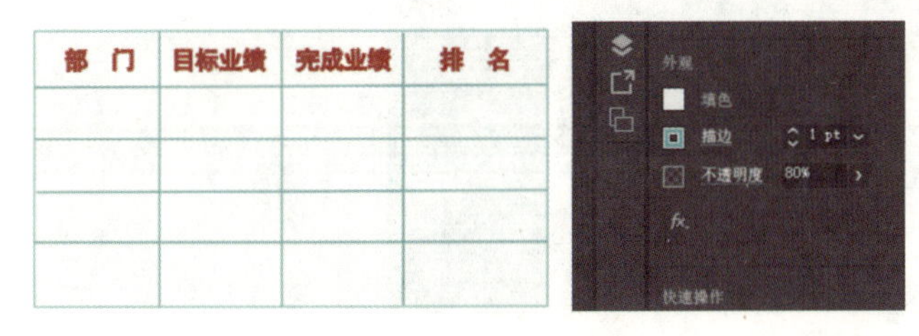

图4-32　边框着色

（9）文档保存。最后，把用网格工具制作的销售业绩表背景置于表格和文案内容之下，按“Ctrl+S”对图像进行保存，即可完成销售业绩墙贴的设计，效果图如图 4-24 所示。

三、学习任务小结

本次课主要学习了网格工具的基本概念、工作原理，以及网格对矢量图形的颜色和形状的影响。同时，完成了应用网格工具制作企业销售业绩墙贴的实操任务。课后，大家要反复练习本次课所学知识点和技能点，做到熟能生巧。

四、课后作业

请结合 Illustrator 中的网格工具制作不规则渐变色海报，效果如图 4-33 所示。

图 4-33　海报效果图

项目五

数字图形的效果设计

学习任务一　3D 效果的应用

学习任务二　扭曲和变换效果的应用

学习任务三　风格化效果的应用

3D 效果的应用

教学目标

（1）专业能力：能使用 3D 效果工具，掌握 3D 效果工具中 3D 类型、材质与光照的使用方法和技巧。

（2）社会能力：通过小组讨论和实践，培养学生的团队协作精神和沟通能力，使学生掌握 3D 效果工具的使用技巧，培养学生的设计能力、创意思维和问题解决能力。

（3）方法能力：能通过分析优秀案例，理解 3D 效果工具在提升设计作品艺术感和表现力方面的作用，激发创作灵感。能通过在线课程、视频教程等资源，自我探索更多功能和技巧，培养持续学习的习惯。

学习目标

（1）知识目标：了解 3D 效果的四种类型，即平面、凸出、绕转、膨胀，能对 3D 材质、3D 光照效果进行编辑。

（2）技能目标：能熟练使用 3D 效果工具绘制各种图形。

（3）素质目标：能运用 3D 效果工具完成特定设计项目，提升设计作品的精细度和专业度。

教学建议

1. 教师活动

（1）通过具体的设计案例演示 3D 效果工具使用过程，让学生直观了解 3D 效果工具的实际应用和操作技巧。

（2）安排学生动手实践，通过绘制图形、编辑材质、应用灯光效果等练习，巩固 3D 效果工具的使用技巧，激发学生的学习兴趣和好奇心。

（3）组织学生分组讨论，使学生分享各自在 3D 效果工具使用过程中的经验和心得，互相学习，共同解决遇到的问题。

2. 学生活动

（1）预习准备：提前阅读教材或利用网络资源，了解 3D 效果图形有哪些呈现效果。

（2）动手实践：按照教师示范的步骤，独立完成 3D 效果工具使用及编辑，记录遇到的问题和解决方案。

（3）小组讨论：在小组内分享 3D 效果工具使用中绘制图形、编辑材质、应用灯光效果等的心得及遇到的问题，共同寻找解决方案。

（4）作品创作：在掌握基础操作后，使用 3D 效果工具创作出具有独特风格的作品，提升创意思维和实践能力。

（5）反思总结：撰写学习心得，总结本次课程的学习成果和收获，提出对后续课程的期望和建议。

一、学习问题导入

同学们，大家好！今天我们将一起学习如何灵活运用 Adobe Illustrator 中的不同工具制作 IP 形象吉祥物。吉祥物能够代表特定组织或活动的形象，好的吉祥物能够增强认同感与凝聚力，传递积极信息与价值观。

在本课程中，我们将深入了解 Adobe Illustrator 中不同工具的使用方式，学习如何通过不同工具的搭配来绘制简单却富含表现力的图像。我们将从基础的形状工具运用开始，逐步探索如何搭配变形工具及 3D 插件来制作有趣的 IP 形象。

通过实践，同学们将掌握如何打造一个简单有趣的 IP 形象吉祥物。这不仅能增强品牌的风格，还能在各种宣传中发挥重要作用，如广告、社交媒体、公司礼品等。

让我们拿起工具，一起创造一个简单有趣的 IP 形象吉祥物，让它成为品牌宣传的亮点，引领品牌形象走向新的高度。

设计思路：

作为项目系列设计内容之一，本课任务要求学生在设计 IP 形象吉祥物时，首先深入理解目标受众和品牌定位，确定整体画面视觉的核心特质，如清新、年轻化或创新。其次，设计 IP 形象的外形、色彩和表情以及整体画面视觉效果搭配，确保它们与品牌调性一致，利用故事叙述增强形象的吸引力和记忆点。最后，考虑 IP 形象在不同媒介和产品上的可应用性，确保设计的多功能性和扩展性。

二、学习任务讲解

使用 3D 效果工具，可轻松地使 IP 形象跃然纸上；使用 Illustrator 中的形状工具，可以精确、轻松地给 2D 图像创建 3D 效果。

（一）3D 效果工具的基本知识

（1）熟悉 3D 效果工具在设计软件中的位置和界面布局，其通常位于菜单栏中的“效果”中。选中想要创建 3D 效果的对象，单击“效果”中的“3D 和材质”，即可弹出 3D 效果工具，对对象进行编辑，如图 5-1 所示。

（2）3D 效果工具的组成。3D 效果工具由 3D 类型、材质与光照组成。用户可以根据需要灵活运用不同的 3D 效果工具来为 2D 形状制作不同的形态。

（二）3D 效果工具的基本操作

1. 编辑 3D 类型

（1）创建图形：根据需要创建图形，并填充颜色。

（2）增加 3D 效果：选中想要增加 3D 效果的对象，单击“效果”中的“3D 和材质”，即可弹出 3D 效果工具，对对象进行编辑。

（3）转换 3D 类型：分别为平面、凸出、绕转、膨胀，在工具栏中，可以对深度、音量以及旋转角度进行编辑，如图 5-2 所示。

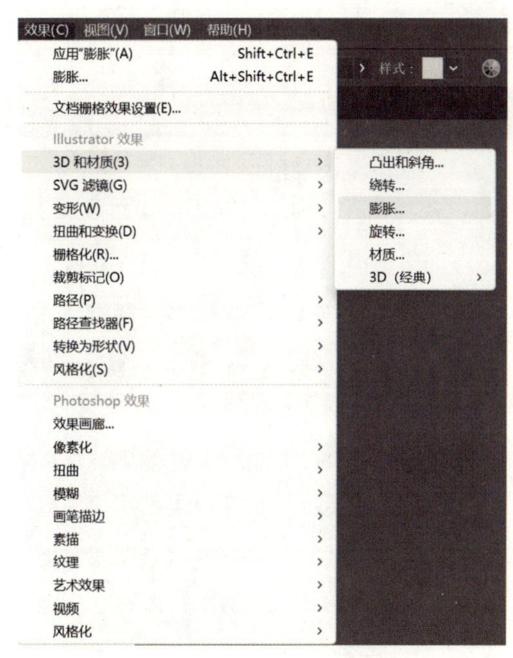

图 5-1 “3D 和材质”命令

2. 调整 3D 材质

能够对 3D 材质进行编辑，如图 5-3 所示。

3. 调整光照

在工具栏中能够对对象光线以及阴影进行调整，如图 5-4 所示。

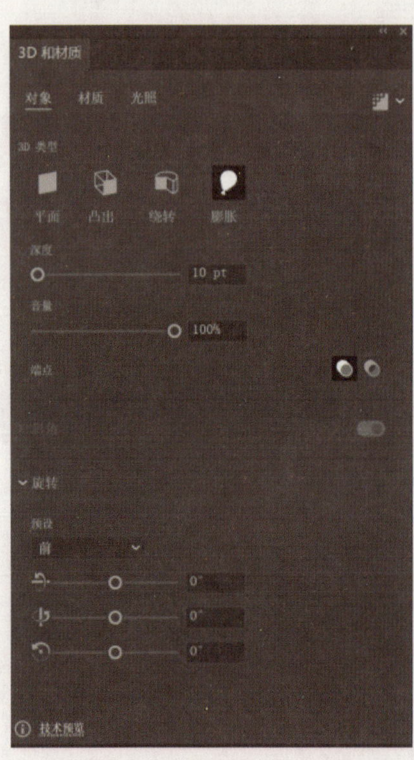

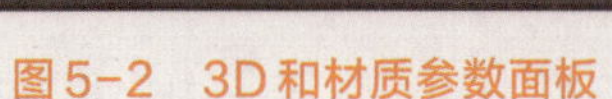
图 5-2　3D 和材质参数面板

图 5-3　3D 材质球

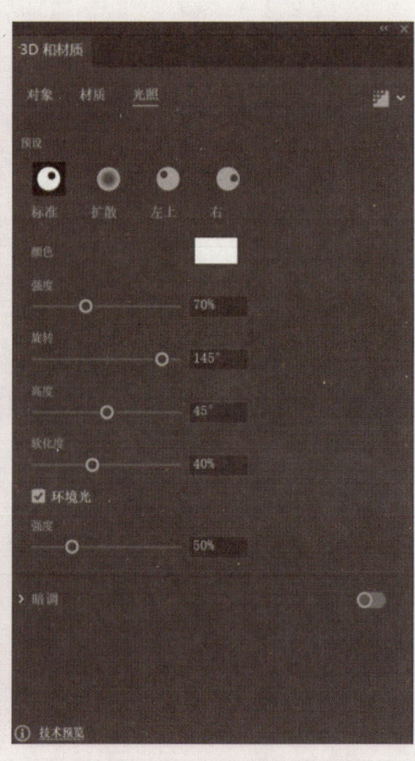

图 5-4　3D 和材质命令光照参数

（三）技能综合实训

（1）按 Ctrl+N 组合键，新建一个文档， 尺寸为 100 mm × 100 mm，取向为竖向，颜色模式为 CMYK，单击“确定”按钮，如图 5-5 所示。

（2）使用椭圆工具，绘制一个正圆形，尺寸为 35 mm × 35 mm，填充颜色为肤色（C=0%、M=20%、Y=16%、K=0%），如图 5-6 所示。

（3）使用椭圆工具，绘制一个椭圆形状，尺寸为 9 mm × 12 mm，并修改角度为 35°，填充颜色为肤色（C=0%、M=20%、Y=16%、K=0%），如图 5-7 所示。

（4）绘制一个椭圆形状，尺寸为 4 mm × 6 mm，并修改角度为 35°，填充颜色为深肤色（C=0%、M=38%、Y=40%、K=0%）并移动到合适位置，如图 5-8 所示。

（5）按住 Shift 键选中两个椭圆编组，选中组合右键打开“变换”—“镜像”，如图 5-9 所示。打开工具，选择“垂直”，点击“复制”按钮，如图 5-10 所示。

（6）将图形移动到合适位置，如图 5-11 所示。

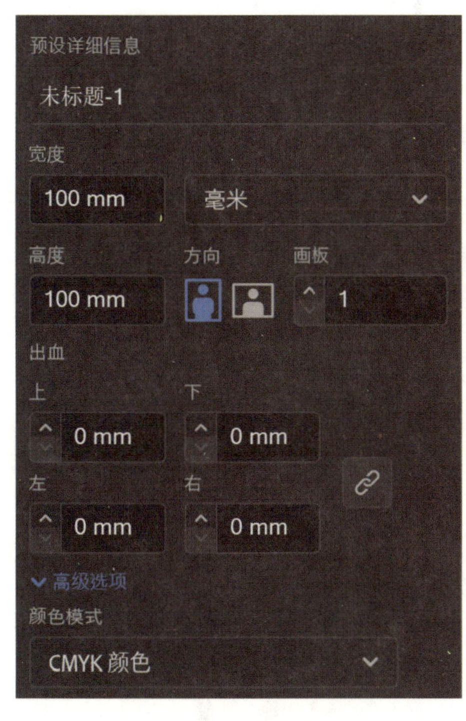

图 5-5　文件尺寸

图 5-6　绘制正圆

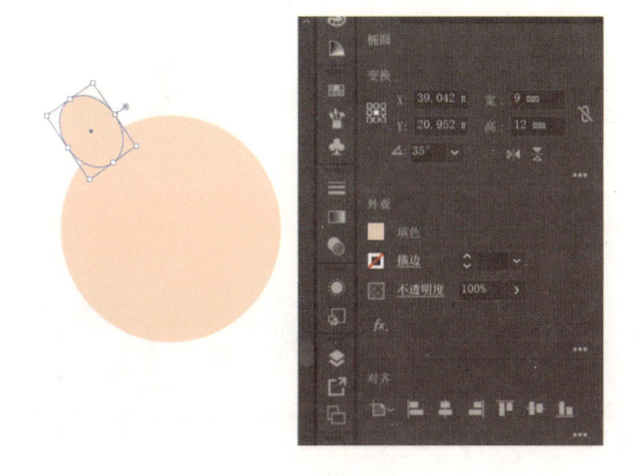

图 5-7　绘制耳朵外侧

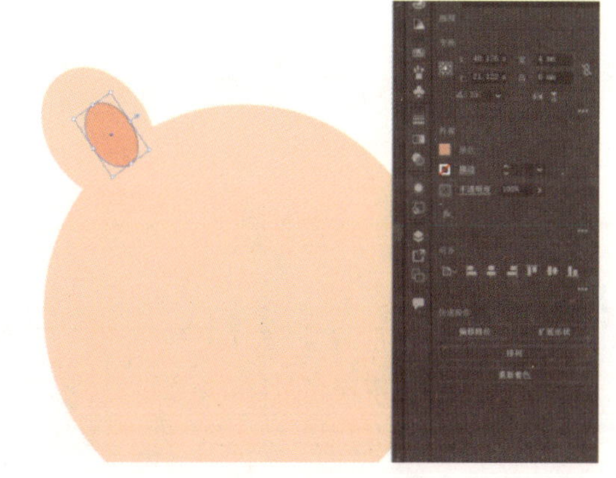

图 5-8　绘制耳朵内侧

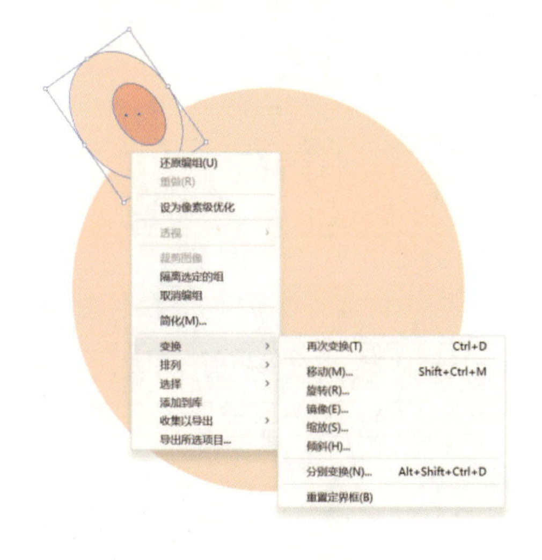

图 5-9　打开镜像工具

（7）建立一个 15 mm×15 mm 的正圆，填充颜色为乳白色（C=0%、M=7%、Y=8%、K=0%），将椭圆移动到合适位置并置于顶层，如图 5-12 所示。

（8）用椭圆工具建立两个 11 mm×11 mm 的正圆，填充颜色为乳白色（C=0%、M=7%、Y=8%、K=0%），移动到合适位置，调整图层位置，如图 5-13 所示。

（9）用椭圆工具分别建立三个正圆，尺寸分别为 15 mm×15 mm、10 mm×10 mm、7 mm×7 mm，填充颜色为乳白色（C=0%、M=7%、Y=8%、K=0%），移动到合适位置，调整图层位置，如图 5-14 所示。

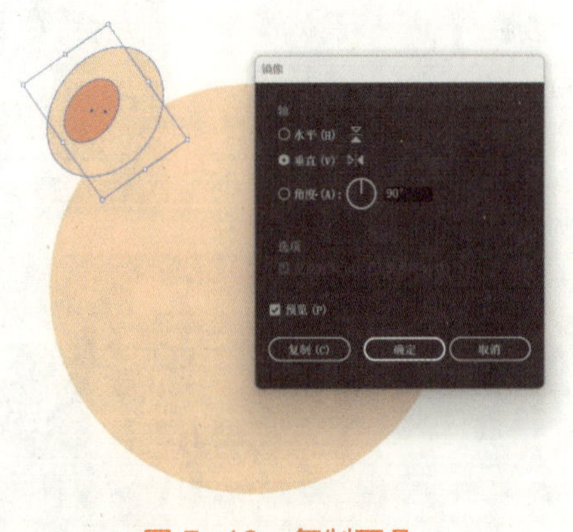

图 5-10　复制耳朵

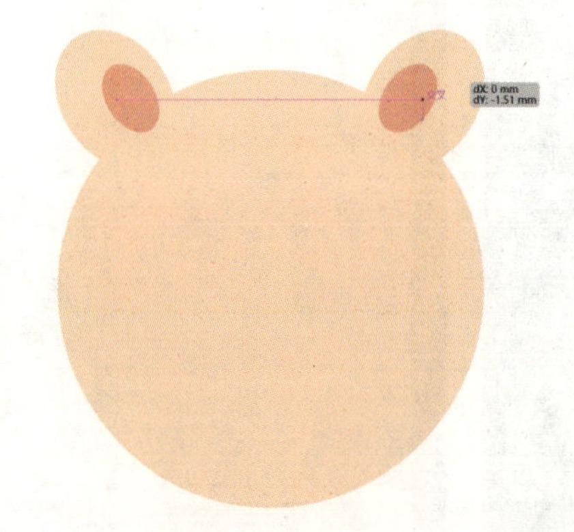

图 5-11　移动耳朵

图 5-12　制作刘海

图 5-13　补充刘海

图 5-14　制作毛发

图 5-15　复制毛发

（10）将圆形编组，选中组合右键打开“变换”—“镜像”，打开工具，选择“垂直”，点击“复制”按钮，效果如图 5-15 所示。

（11）使用钢笔工具在适当的位置绘制吉祥物身体，填充颜色为乳白色（C=0%、M=7%、Y=8%、K=0%），如图 5-16 所示。

（12）使用钢笔工具在适当的位置绘制吉祥物肚皮，填充颜色为肤色（C=0%、M=20%、Y=16%、K=0%），如图 5-17 所示。

（13）用钢笔工具在适当的位置绘制吉祥物四肢，填充颜色为深肤色（C=0%、M=38%、Y=40%、K=0%），如图 5-18 所示。

（14）运用椭圆工具绘制一个 5 mm×6 mm 的椭圆，并将角度改为 20°，填充颜色为褐色（C=32%、M=62%、Y=62%、K=27%），移动到合适位置，如图 5-19 所示。

（15）运用椭圆工具创建一个正圆形，填充颜色为（C=0%、M=38%、Y=40%、K=0%），移动到合适位置，如图 5-20 所示。

（16）将眉毛与眼睛编组，选中组合右键打开“变换”—“镜像”，打开工具，选择“垂直”，点击“复制”按钮，效果如图 5-21 所示。

（17）使用多边形工具■建立一个半径为 2 mm 的三角形，如图 5-22 所示。在属性栏中将三角形高改为 2 mm，填充颜色为深肤色（C=0%、M=38%、Y=40%、K=0%），如图 5-23 所示。

（18）选中三角形，打开更多选项，将圆角半径改为 0.2 mm，如图 5-24 所示。

图 5-16　绘制身体

图 5-17　绘制肚皮

图 5-18　绘制四肢

图 5-19　绘制眼睛

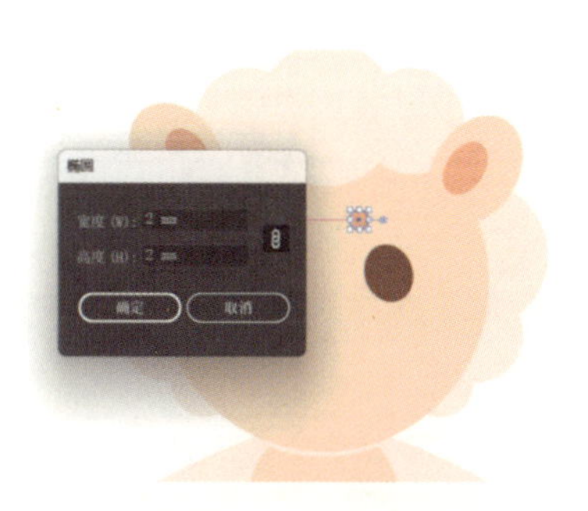

图 5-20　绘制眉毛

图 5-21　复制眉眼

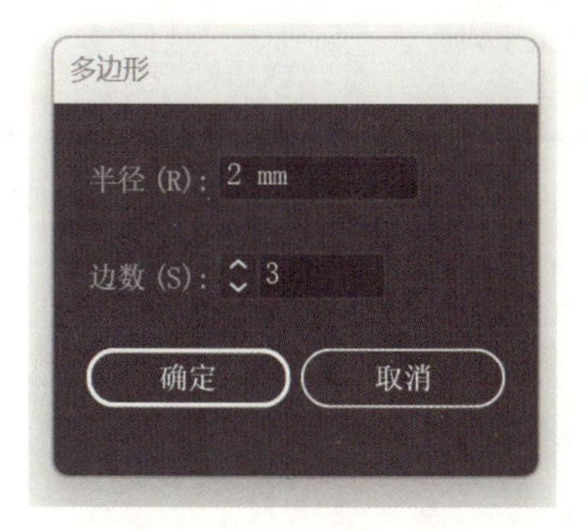

图 5-22　创建三角形

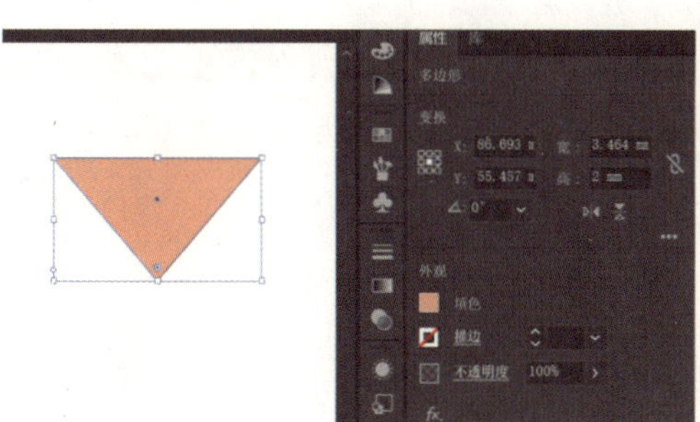

图 5-23　三角形变形

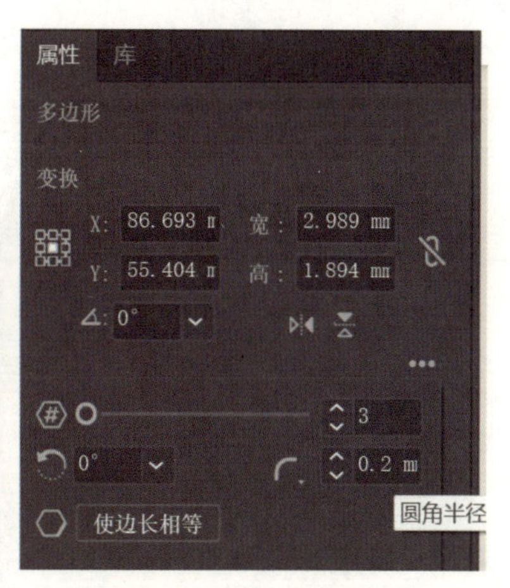

图 5-24　改变圆角

（19）使用钢笔工具绘制一个“人”字形，路径描边为 1 pt，在画笔定义中改为五点椭圆形，路径描边颜色为深肤色（C=0%、M=38%、Y=40%、K=0%），如图 5-25 所示。

（20）将两个图形编组，并移动至合适位置，如图 5-26 所示。

（21）选择选择工具，点击编组图形，如图 5-27 所示，吉祥物形象绘制完成。

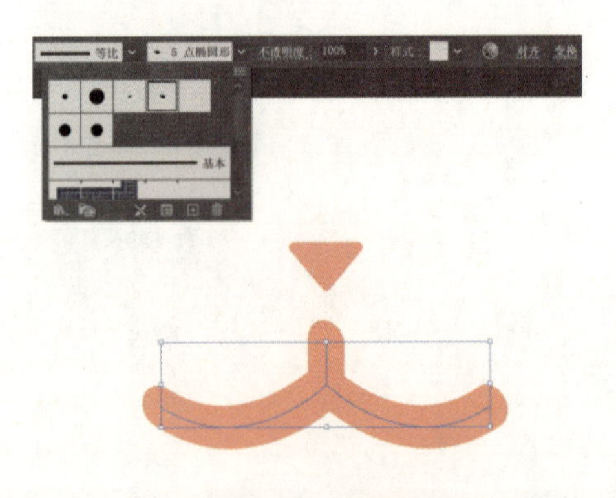

图 5-25　绘制嘴巴

图 5-26　嘴巴位置调整

图 5-27　绵羊吉祥物效果图

图 5-28　膨胀命令

（22）按 Shift 键将后脑勺毛发全选，点击工具栏中“效果”—“3D 和材质”—“膨胀”，如图 5-28 所示，打开 3D 效果工具栏。

（23）在 3D 效果工具栏对象中选择膨胀，深度为 4 pt。在光照中对阴影进行调整：预设改为扩散；颜色单击色块，在弹出的色板中输入 #ffcc99；强度 188%；旋转 145°；高度为 90°；软化度 55%；环境光强度 180%，如图 5-29 所示。

（24）选中前额刘海，在属性栏中选择联集，将图形合并，如图 5-30 所示。

（25）在 3D 效果工具栏对象中选择膨胀，深度为 4 pt。在光照中对阴影进行调整：预设改为扩散；颜色单击色块，在弹出的色板中输入 #ffcc99；强度 188%；旋转 145°；高度为 90°；软化度 55%；环境光强度 180%，如图 5-31 所示。

（26）按 Shift 键选中耳朵外侧以及头部，在 3D 效果工具栏对象中选择膨胀，深度为 4 pt。在光照中对阴影进行调整：预设改为扩散；颜色单击色块，在弹出的色板中输入 #ffcccc；强度 182%；旋转 145°；高

图 5-29　编辑毛发光照

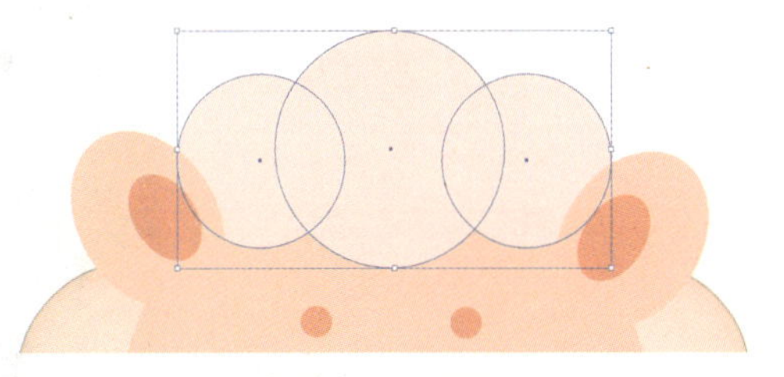

图 5-30　合并图形

图 5-31　编辑刘海光照

图 5-32　编辑头部光照

度为 90°；软化度 85%；环境光强度 128%，如图 5-32 所示。

（27）用上述方法选中身体部分进行编辑，深度为 4 pt，在光照中对阴影进行调整：预设改为扩散；颜色单击色块，在弹出的色板中输入 #ffcc99；强度 188%；旋转 145°；高度为 90°；软化度 55%；环境光强度 180%，如图 5-33 所示。

（28）用上述方法选中肚子以及四肢部分进行编辑，深度为 4 pt。在光照中对阴影进行调整：预设改为扩散；颜色单击色块，在弹出的色板中输入 ff9933；强度 182%；旋转 145°；高度为 90°；软化度 85%；环境光强度 129%，如图 5-34 所示。

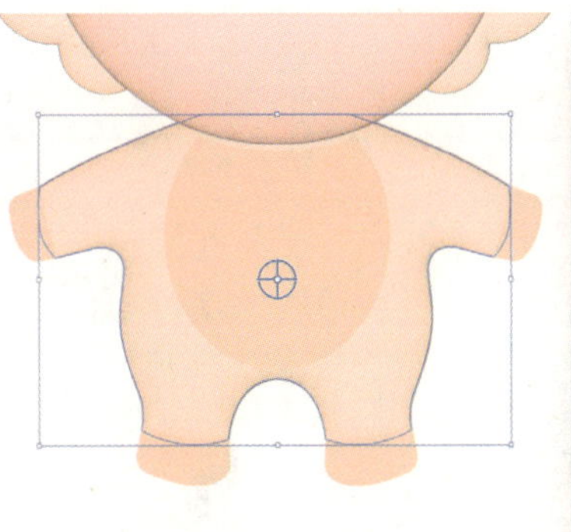

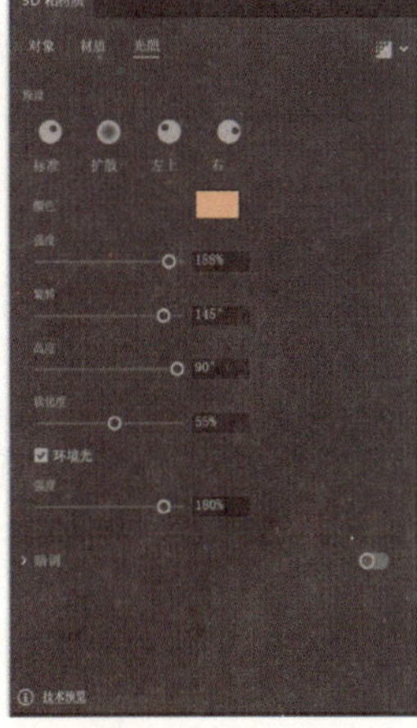

图 5-33　编辑身体光照

图5-34　编辑肚子及四肢光照

图5-35　最终样式

（29）最终画面效果如图 5-35 所示。

三、学习任务小结

通过本次课的学习，同学们基本掌握了 3D 效果工具中 3D 类型、材质与光照等的使用方法和编辑技巧，提升了设计创作能力、创意思维和问题解决能力。同时，提升了设计作品的艺术感和表现力，激发了创作灵感。

四、课后作业

（1）课后进一步熟悉 3D 效果工具的使用及编辑技巧。

（2）请同学们利用 3D 效果工具设计一个动物玩偶，如图 5-36 所示。

图5-36　动物玩偶

扭曲和变换效果的应用

教学目标

（1）专业能力：能使用扭曲和变换工具；学会扭曲和变换工具中变换、扭拧、扭转、收缩和膨胀、波纹效果、粗糙化、自由扭曲等的使用方法和技巧。

（2）社会能力：通过小组讨论和实践，培养学生的团队协作精神以及沟通能力、设计能力、创意思维和问题解决能力。

（3）方法能力：能通过分析优秀案例，理解扭曲和变换工具在提升设计作品艺术感和表现力方面的作用，激发创作灵感。培养自我探索、持续学习的习惯。

学习目标

（1）知识目标：了解扭曲和变换的各种类型，如变换、扭拧、扭转、收缩和膨胀、波纹效果、粗糙化、自由扭曲等效果的创建与编辑。

（2）技能目标：能熟练使用扭曲和变换工具绘制插画。

（3）素质目标：能运用扭曲和变换工具完成特定设计项目，能使用工具表达设计效果，提升设计作品的精细度和专业度。

教学建议

1. 教师活动

（1）通过具体的设计案例演示扭曲和变换工具使用过程，让学生直观了解扭曲和变换工具的实际应用和编辑技巧。

（2）安排学生动手实践，通过模仿教师的演示步骤进行练习，巩固扭曲和变换工具的使用技巧，激发学生的学习兴趣。

（3）组织学生分组讨论，使其分享各自在扭曲和变换工具使用过程中的经验和心得，小组成员互相学习，共同解决遇到的问题。

2. 学生活动

（1）预习准备：提前阅读教材或利用网络资源，了解扭曲和变换工具有哪些呈现效果。

（2）动手实践：按照教师示范的步骤，独立完成扭曲和变换工具使用及编辑，记录遇到的问题和解决方案。

（3）小组讨论：在小组内分享扭曲和变换工具的使用心得及遇到的问题，共同寻找解决方案。

（4）作品创作：在掌握基础操作后，使用扭曲和变换工具创作商业插画，以提升创意思维和实践能力。

（5）反思总结：撰写学习心得，总结本次课程的学习成果和收获，提出对后续课程的期望和建议。

一、学习问题导入

同学们，大家好！今天我们将一起学习如何灵活运用 Adobe Illustrator 中的扭曲和变换工具，制作有趣的插画。插画的意义在于提高信息传递效果、塑造品牌形象以及引起观众的情感共鸣，好的品牌插画能够提高品牌的辨识度，使消费者产生情感的共鸣，进而刺激消费者的购买欲望。

在本课程中，我们将深入了解 Adobe Illustrator 中不同工具的使用方式，学习如何通过不同工具的搭配来绘制简单却富含表现力的图像。我们将从基础工具运用开始，逐步探索如何搭配变形工具来制作有趣的插画。

通过实践，同学们将掌握如何使用扭曲和变换工具来制作需要的海报。让我们拿起工具，一起创作一幅简单有趣的插画，让它成为品牌宣传的亮点，引领品牌形象走向新的高度。

二、学习任务讲解

使用扭曲和变换工具，运用图形和文字，可以轻松打造不同的视觉效果。使用 Illustrator 中的扭曲和变换工具，可以轻松创建各种形状。

（一）扭曲和变换工具的基本知识

1. 扭曲和变换工具的介绍

（1）熟悉扭曲和变换工具在设计软件中的位置和界面布局，其通常位于菜单栏中的“效果”中。选中想要进行扭曲和变换的对象，单击“效果”中的“扭曲和变换”，即可弹出扭曲和变换工具，对对象进行编辑，如图 5-37 所示。

（2）扭曲和变换工具的组成。扭曲和变换工具由变换（T）、扭拧 (K)、扭转 (W)、收缩和膨胀 (P)、波纹效果 (Z)、粗糙化 (R)、自由扭曲 (F) 组成。用户可以根据需要灵活运用不同的扭曲和变换工具来为 2D 形状制作不同的形态。

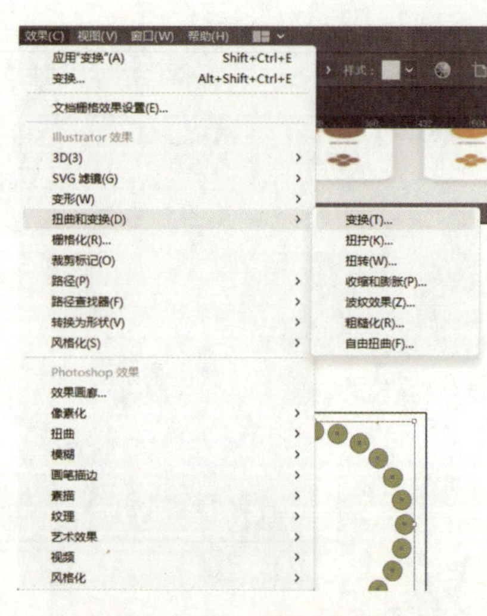

图 5-37 “扭曲和变换”命令

2. 扭曲和变换工具的使用

扭曲和变换工具可以分为七种类型，分别为变换、扭拧、扭转、收缩和膨胀、波纹效果、粗糙化、自由扭曲，在工具栏中，可以对缩放大小、数量、旋转角度等进行编辑。

（二）扭曲和变换工具的基本操作

1. 编辑扭曲和变换效果

（1）创建图形：根据需要创建图形或文字，并填充颜色。

（2）增加扭曲和变换效果：选中想要进行编辑的对象，单击“效果”中的“扭曲和变换”，即可弹出扭曲和变换工具，对对象进行编辑，如图 5-38 所示。

（3）转换扭曲和变换类型：扭曲和变换类型包括变换、扭拧、扭转、收缩和膨胀、波纹效果、粗糙化、自由扭曲，在工具栏中，可以对缩放大小、数量、旋转角度进行编辑，如图 5-39 所示。

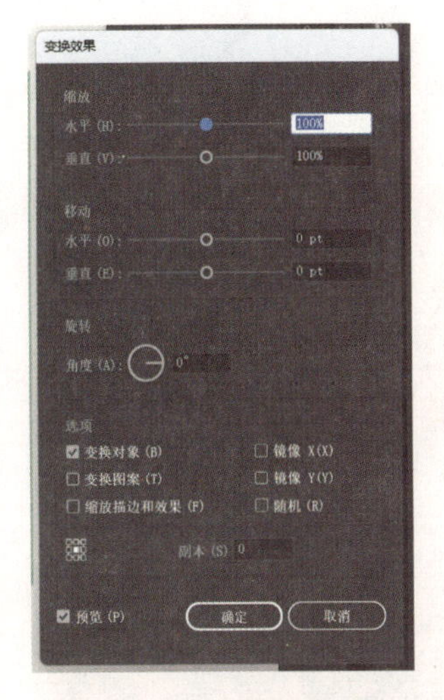

图5-38　变换效果工具

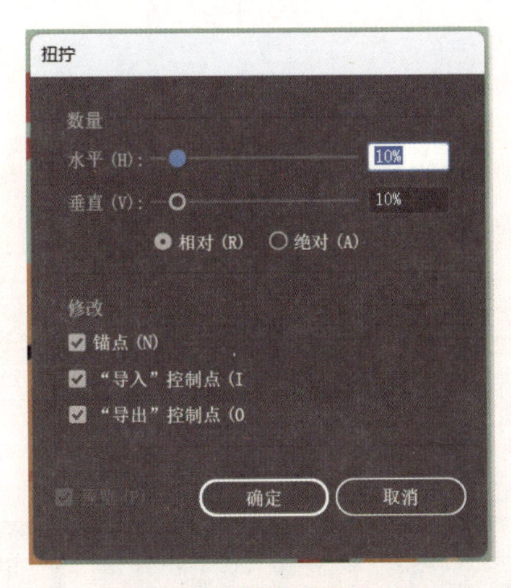

图5-39　扭拧效果工具

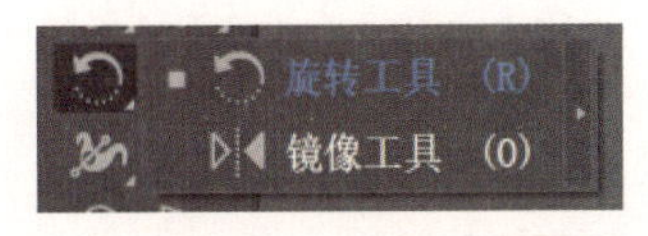

图5-40　旋转工具

图5-41　旋转工具的使用

2. 旋转工具的介绍

（1）旋转工具在设计软件中的位置和界面布局。通常旋转工具会作为一个图标出现在工具栏中，图标形状似回旋箭头，如图 5-40 所示，通常与扭曲和变换工具并用。

（2）旋转工具的使用。用户可以根据需要对图形、文字进行旋转，改变形状，也可以定点旋转复制图像，如图 5-41 所示。

（三）技能综合实训——简易插画制作

（1）按 Ctrl+N 组合键，新建一个文档， 尺寸为 A4 大小，取向为竖向，颜色模式为 CMYK，点击“创建”按钮。

（2）使用矩形工具，绘制一个正方形，尺寸为 300 pt × 300 pt，填充颜色为青色（C=37%、M=0%、Y=35%、K=0%），如图 5-42 所示。

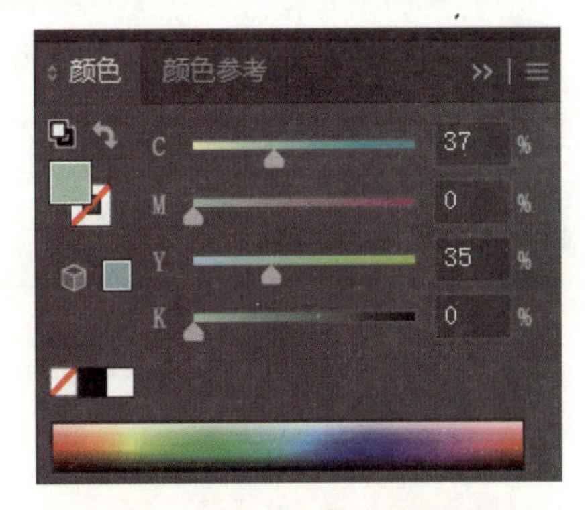

图 5-42　正方形填充颜色

（3）使用椭圆工具，绘制一个正圆形，尺寸为 221 pt × 221 pt，填充颜色为肤色（C=0%、M=50%、Y=80%、K=0%），如图 5-43 所示。

图 5-43　正圆形填充颜色

（4）在圆的中间使用钢笔工具绘制一条线，如图 5-44 所示。使用形状生成器生成新的形状，先选中整个圆，再按 Alt 键删除下半圆，如图 5-45 所示。

（5）使用矩形工具，在上一步绘制出的半圆上画出小猫的四肢。尺寸为 25 pt × 49 pt，填充颜色为肤色（C=37%、M=0%、Y=35%、K=0%），如图 5-46 所示。

（6）使用椭圆工具画出小猫的尾巴，如图 5-47 所示。填充颜色分别为 C=4%、M=30%、Y=63%、K=0%，C=0%、M=82%、Y=90%、K=0%，C=15%、M=67%、Y=100%、K=0%，如图 5-48 所示。

（7）使用椭圆工具画一个椭圆作为小猫的头，尺寸为 95 pt × 90 pt，填充颜色为肤色（C=37%、M=0%、Y=35%、K=0%）。

（8）使用钢笔工具画四个猫耳朵。前面的耳朵填充颜色为肤色（C=37%、M=0%、Y=35%、K=0%），后面叠加的耳朵阴影填充颜

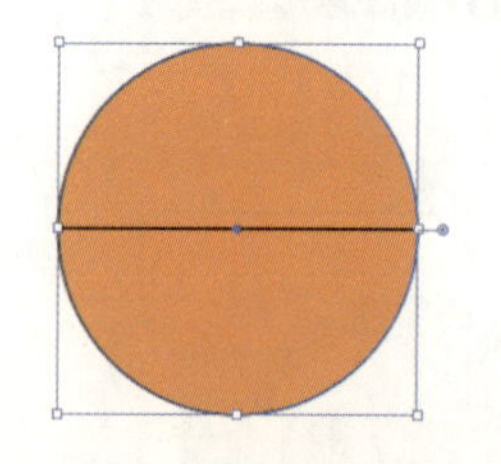

图 5-44　绘制一条线

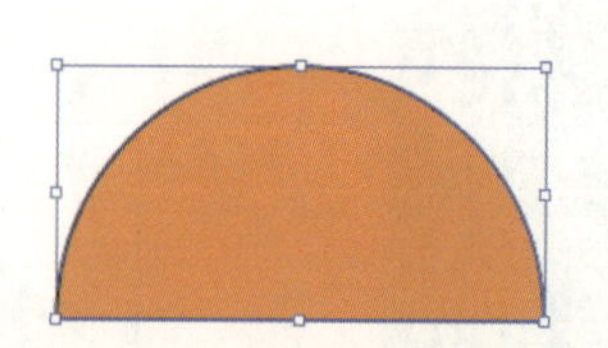

图 5-45　利用形状生成器删除下半圆

图 5-46　画出小猫的四肢

图 5-47　小猫的尾巴

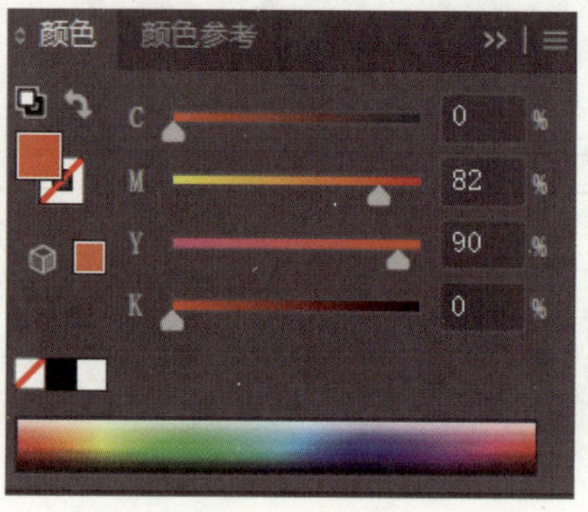

颜色　颜色参考　C 15 %　M 67 %　Y 100 %　K 0 %

图 5-48　选择指定颜色

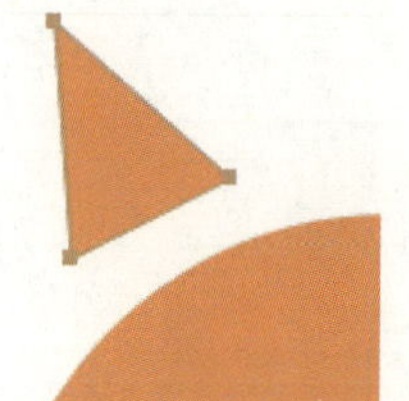

图 5-49　使用钢笔工具画四个猫耳朵

图 5-50　补全猫的细节

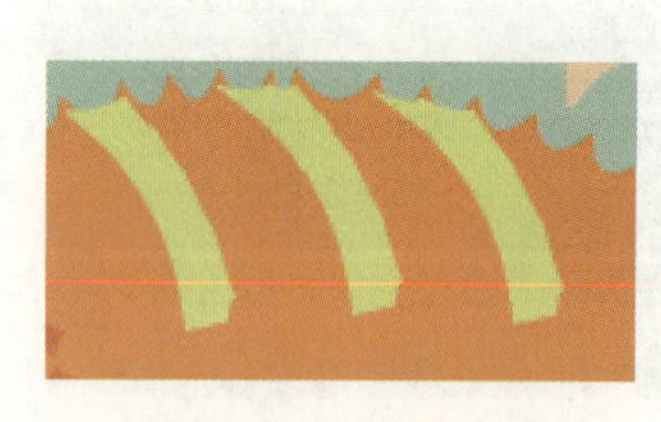

图 5-51　绘制花纹

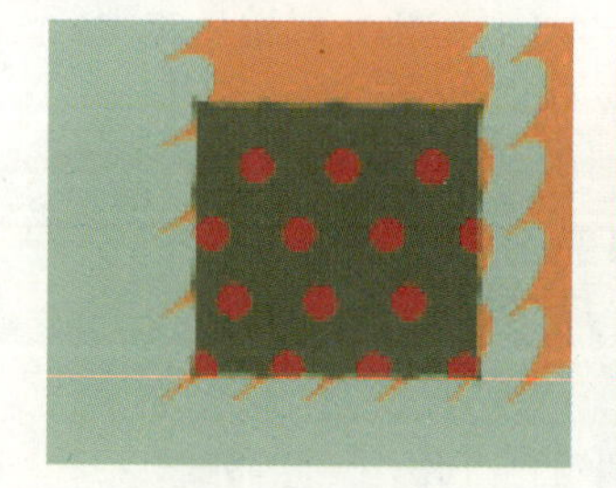

图 5-52　绘制图案

色为深肤色（C=0%、M=76%、Y=90%、K=0%），如图 5-49 所示。

（9）运用矩形工具和钢笔工具在合适的位置补全猫的细节，效果参考图 5-50。

（10）用钢笔工具在合适位置绘制花纹，效果如图 5-51 所示。

（11）用形状工具搭配钢笔工具绘制图案，移动到合适位置，如图 5-52 所示。

（12）先绘制一个正圆，接着使用曲率工具将圆形改变成四角星，效果如图 5-53 所示。

（13）全选星星，点击旋转工具，同时按住 Shift + Alt 键将蓝色光标拖离圆形内部。圆圈想要多大，光标就拖多远，此时会弹出一个弹窗，调整角度后点击复制，数值如图 5-54 所示。

图 5-53　使用曲率工具将圆形改变成四角星

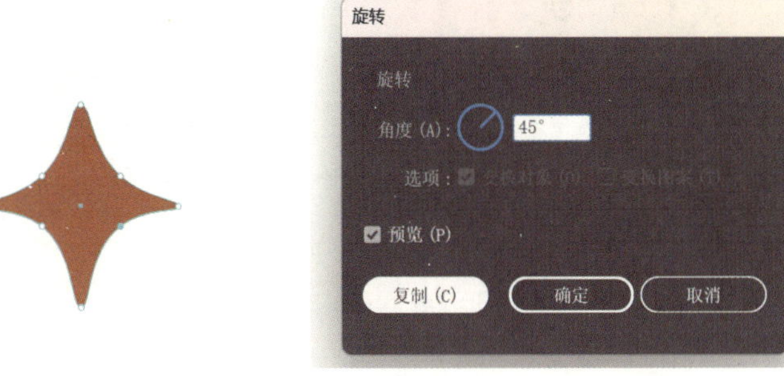

图 5-54　使用旋转工具

图 5-55　星星效果

图 5-56　选择字体类型作为字体设计的骨架

图 5-57　调整字体的透明度

图 5-58　艺术字体效果

（14）接着按住 Ctrl + D 键进行多次复制，直至变为一圈星星，效果如图 5-55 所示。

（15）选择一种合适的字体类型并选择适当大小作为字体设计的骨架，字体要求如图 5-56 所示。

（16）使用文字工具输入文字“CATT”后，在上方菜单栏调整字体的透明度，接着按住 Ctrl + 2 键锁定文字，开始进行设计，效果如图 5-57 所示。

（17）使用钢笔工具及曲率工具搭配圆角矩形工具绘制艺术字体，字体填充颜色为红色（C=24%、M=99%、Y=85%、K=0%），效果如图 5-58 所示。

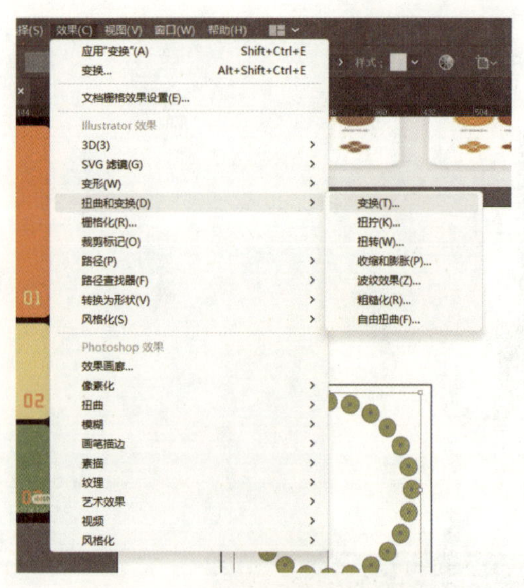

图5-59　使用扭曲和变换工具

图5-60　收缩和膨胀参数设置

（18）全选画面，点击“效果”中的“扭曲和变换”，位置如图 5-59 所示，点击“收缩和膨胀”，数值如图 5-60 所示。

（19）最后画面效果如图 5-61 所示。

三、学习任务小结

通过本次学习任务，同学们掌握了使用扭曲和变换工具的方法，也学会了扭曲和变换工具中变换、扭拧、扭转、收缩和膨胀、波纹效果、粗糙化、自由扭曲等的使用方法和技巧；能运用扭曲和变换工具完成特定设计项目，也能使用工具表达设计效果，提升设计作品的精细度和专业度。

四、课后作业

（1）课后进一步熟悉扭曲和变换工具的使用方法及操作技巧。

（2）请同学们利用扭曲和变换工具创作一幅动物插画。

图 5-61　简易插画效果图

风格化效果的应用

教学目标

（1）专业能力：能灵活使用各种工具，掌握各种工具的使用方法和技巧。

（2）社会能力：通过小组讨论和实践，培养学生的团队协作精神和沟通能力，培养学生的设计能力、创意思维和问题解决能力。

（3）方法能力：能通过分析优秀案例，提升设计作品艺术感和表现力，激发创作灵感，培养持续学习的习惯。

学习目标

（1）知识目标：了解风格化的商业插画设计，并能根据相应的效果创建并编辑商业插画。

（2）技能目标：能熟练地综合使用工具绘制各种图形，完成各种风格效果的生成和编辑。

（3）素质目标：能运用工具命令完成特定设计项目，提升设计作品的精细度和专业度。

教学建议

1. 教师活动

（1）通过具体的设计案例演示商业插画的创建和修改过程，让学生直观了解风格化商业插画的编辑技巧。

（2）安排学生动手实践，通过完成商业插画设计，激发学生的学习兴趣和好奇心。

（3）组织学生分组讨论，使其分享各自在插画设计中的经验和心得，互相学习，共同解决遇到的问题。

2. 学生活动

（1）预习准备：提前阅读教材或利用网络资源，了解风格化的商业插画有哪些呈现效果。

（2）动手实践：按照教师示范的步骤，独立完成风格化的商业插画设计，记录创作过程中遇到的问题和解决方案。

（3）小组讨论：在小组内分享风格化商业插画设计的心得及遇到的问题，共同寻找解决方案。

（4）作品创作：在掌握基础操作后，综合使用工具完成风格化的商业插画设计，以提升创意思维和实践能力。

（5）反思总结：撰写学习心得，总结本次课程的学习成果和收获，提出对后续课程的期望和建议。

一、学习问题导入

同学们，大家好！今天我们将一起学习如何灵活运用 Adobe Illustrator 中的不同工具，制作一幅有趣的扁平风商业插画。商业插画的意义在于精简地为品牌或产品进行信息传达，好的品牌插画能够提高品牌的辨识度，使消费者产生情感的共鸣，进而刺激消费者的购买欲望。

在本课程中，我们将深入了解 Adobe Illustrator 中不同工具的使用方式，学习如何通过不同工具的搭配来绘制简单却富含表现力的插画。我们将从基础的形状工具运用开始，逐步探索如何搭配钢笔工具及曲率工具来制作形状各异的图形，以及如何调整路径来形成生动的画面感觉。

通过实践，同学们将学会如何打造一幅简单有趣的商业插画。这不仅能增强品牌的风格，还能在各种宣传中发挥重要作用。

让我们拿起工具，一起创作一幅可爱清新的商业插画，让它成为品牌宣传的亮点，引领品牌形象走向新的高度。

设计思路：

作为项目系列设计内容之一，本课任务要求学生在设计商业插画时，首先深入了解目标受众和品牌定位，确定整体画面视觉的核心特质，如清新、年轻化或创新。其次，设计插画形象的外形、色彩和表情以及整体画面视觉效果搭配，确保它们与品牌调性一致，利用故事叙述增强形象的吸引力和记忆点。最后，考虑商业插画在不同媒介和产品上的可应用性，确保设计的多功能性和扩展性。

二、学习任务讲解

（一）理论知识讲解

Adobe Illustrator 提供了多种风格化效果，包括以下方面。

投影：为对象添加逼真的投影，可调整投影的颜色、模糊度、角度等参数。

内发光和外发光：在对象内部或外部添加发光效果，可设置发光的颜色、强度和模糊度。

羽化：使对象的边缘变得柔和模糊，可控制羽化的半径。

圆角：将对象的角变为圆角，可调整圆角的半径大小。

（二）技能综合实训——商业插画制作

（1）按 Ctrl+N 组合键，新建一个文档，尺寸选为 A4，竖向。

（2）选择“矩形工具”，绘制和画板同样大小的矩形，填充绿色（C=70%、M=24%、Y=67%、K=0%），并设置描边色为无。

（3）新建一个图层绘制窗口，如图 5-62 所示。

（4）使用“圆角矩形工具”，绘制一个宽 147 mm、高 148 mm 的矩形，选择上方两角拉动，同时拉动圆点，绘制背景窗口，填充白色，描边色为无，将其放于画面中心的位置，

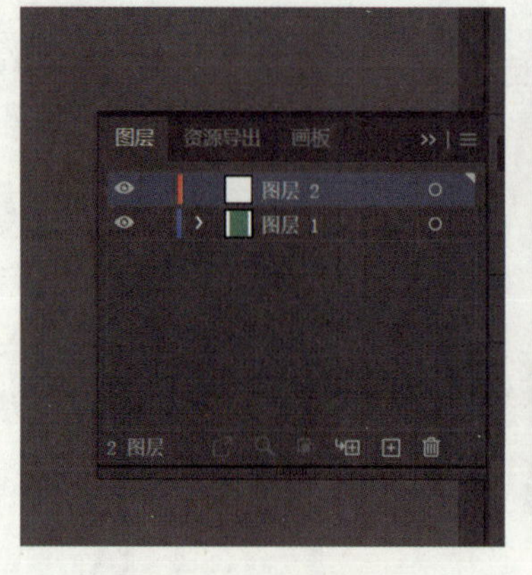

图 5-62　新建图层

图 5-63　绘制背景窗口

效果如图 5-63 所示。

图 5-64　填充窗沿颜色

（5）选择“矩形工具”，绘制宽 161 mm、高 12 mm 的矩形，填充棕色（C=44%、M=54%、Y=100%、K=1%），描边色为无，将其拖拽到窗口正下方的位置，如图 5-64 所示。

图 5-65　填充桌面颜色

（6）新建一个图层绘制桌面。选择“矩形工具”，在页面中绘制一个宽 210 mm、高 92 mm 的矩形，填充粉色（C=2%、M=30%、Y=7%、K=0%），描边色为无，放于画面最底部，效果如图 5-65 所示。

（7）新建一个图层绘制女孩面部。选择“钢笔工具”，在适当的位置绘制女孩面部，设置图形填充色为肤色（C=0%、M=14%、Y=16%、K=0%），描边色为无，效果如图 5-66 所示。

（8）选择“椭圆工具”，绘制半径为 35 mm 的正圆，得到一只耳朵，同时按住“Shift+Ctrl”键复制粘贴，使两侧都有耳朵。将其拖拽到适当的位置，效果如图 5-67 所示。

（9）使用“形状生成器工具”，全选面部和耳朵并按住“Alt”键，避开耳朵合并整个面部，如图 5-68 所示。

（10）选择一侧耳朵，双击选择“渐变工具”，渐变类型选择线性渐变，其中一侧颜色吸取面部肤色，另一侧颜色填充为粉色（C=0%、M=26%、Y=19%、K=0%），另一只耳朵颜色设置则相反，效果如图 5-69 所示。

（11）选择“钢笔工具”，用钢笔工具在画面空白处绘制女孩头发，钢笔锚点停留在刘海的每处高点，填充红色（C=0%、M=72%、Y=83%、K=0%），描边色为无，效果如图 5-70 所示。

（12）全选刘海，选择“曲率工具”，双击每个最高点使其变为曲线，最后在左侧刘海下侧适当添加锚点完善头发，效果如图 5-71 所示。

图 5-66　绘制面部

图 5-67　绘制耳朵

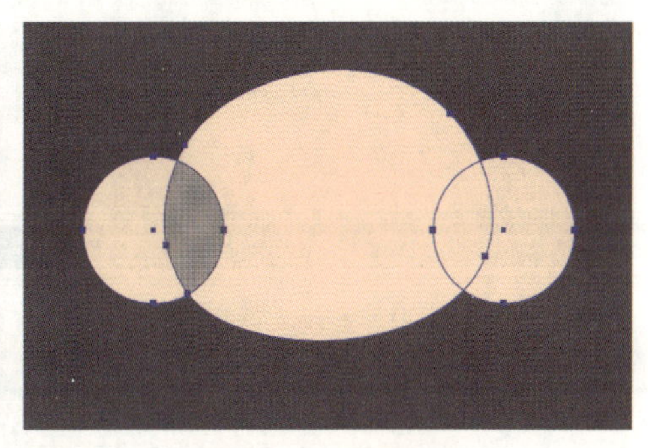
图 5-68　合并面部

图 5-69　填充耳朵色彩

图 5-70　绘制头发

图 5-71　完善头发

图 5-72　绘制发箍

图 5-73　丸子头效果图

图 5-74　填充眼睛为红棕色

图 5-75　绘制眉毛

图 5-76　绘制嘴巴

图 5-77　绘制女孩身体

（13）单击选择刘海并同时按住“Ctrl+2”键锁定，接着使用同样的方法在刘海上方绘制一个发箍，填充浅绿色（C=27%、M=0%、Y=18%、K=0%），效果如图 5-72 所示。

（14）选择“椭圆工具”，绘制宽 33 mm、高 30 mm 的椭圆，得到一个丸子头，将其拖拽到适当的位置。设置图形填充色为红色（C=0%、M=72%、Y=83%、K=0%），描边色为无，效果如图 5-73 所示。

（15）使用“椭圆工具”，绘制宽 3 mm、高 4 mm 的椭圆作为眼睛，并将其拖拽到适当的位置。设置图形填充色为红棕色（C=43%、M=45%、Y=60%、K=0%），描边色为无，效果如图 5-74 所示。

（16）选择“曲率工具”，绘制一侧眉毛线条，线条填充色为与眼睛相同的红棕色，描边粗细选择 2 pt，效果如图 5-75 所示。

（17）选择“椭圆工具”，绘制一个半径为 3.1 mm 的圆形嘴巴，填充橙粉色（C=0%、M=59%、Y=45%、K=0%），描边色为无，效果如图 5-76 所示。

（18）使用“钢笔工具”和“曲率工具”绘制女孩身体，效果如图 5-77 所示。

（19）选择“吸管工具”，吸取耳朵处渐变色，点击编辑渐变，旋转渐变位置。

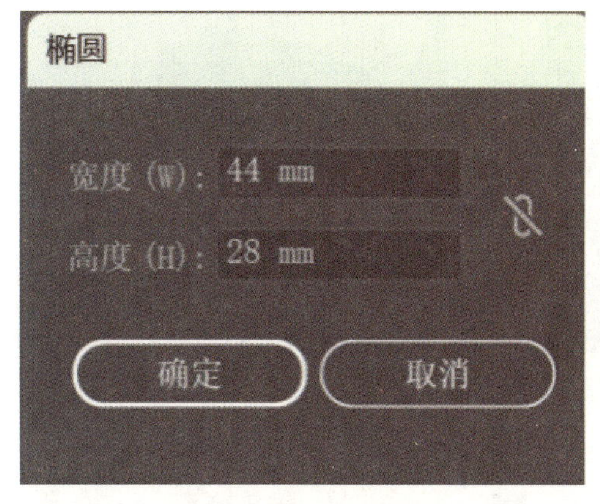

图 5-78 绘制椭圆形状

图 5-79 完善身体

图 5-80 绘制裙子

图 5-81 绘制裙子弧度

图 5-82 裙子效果图

图 5-83 填充椭圆形状为白色

图 5-84 绘制蛋糕面

（20）选择“椭圆工具”，在页面中单击鼠标，弹出“椭圆”对话框，选项设置如图 5-78 所示，单击“确定”按钮，得到一个椭圆形小手，将其拖拽到适当的位置。

（21）选择小手吸取身体颜色，复制粘贴到另一侧，完成身体整体，效果如图 5-79 所示。

（22）选择“钢笔工具”，绘制一个梯形，填充玫粉色（C=3%、M=90%、Y=34%、K=0%），设置描边色为无，效果如图 5-80 所示。

（23）选择“曲率工具”，绘制裙子弧度，效果如图 5-81 所示。

（24）选择“矩形工具”，绘制宽 4 mm、高 20 mm 的矩形，得到一条吊带，将其拖拽到适当的位置并同时按住“Ctrl +]”键下移到面部下方，复制粘贴到另一侧，效果如图 5-82 所示。

（25）新建一个图层绘制蛋糕。选择“椭圆工具”，绘制宽 120 mm、高 70 mm 的椭圆作为餐盘，填充色为白色，描边色为无，并将其拖拽到适当的位置，效果如图 5-83 所示。

（26）选择“曲率工具”，绘制蛋糕面，设置蛋糕面填充色为绿色（C=56%、M=6%、Y=95%、K=0%），描边色为无，效果如图 5-84 所示。

图5-85　绘制蛋糕体

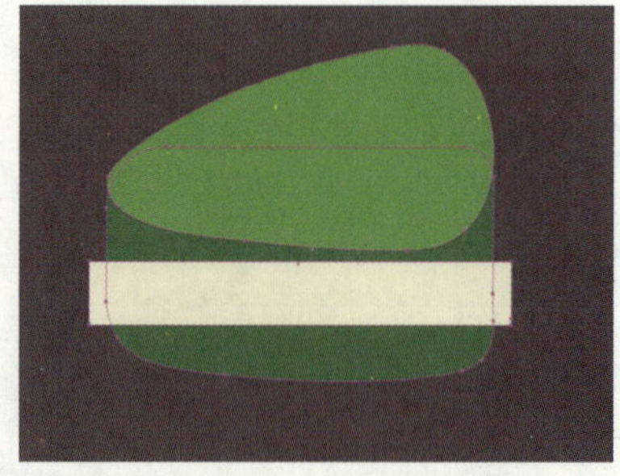

图5-86　绘制矩形

图5-87　删去多余部分

图5-88　填充圆角矩形形状为浅橙色

图5-89　填充樱桃为红色

图5-90　绘制樱桃梗

图5-91　绘制餐盘阴影

（27）选择“圆角矩形工具”，绘制整个蛋糕，填充色为深绿色（C=76%、M=29%、Y=95%、K=0%），描边色为无，效果如图5-85所示。

（28）复制下层蛋糕体，选择“矩形工具”，绘制一个适当的夹心，设置夹心面填充色为淡黄色（C=1%、M=2%、Y=17%、K=0%），描边色为无，效果如图5-86所示。

（29）全选蛋糕与夹心，使用“形状生成器工具”，按住Alt键删去两侧突出的夹心，并选择“曲率工具”给夹心以适当弧度，效果如图5-87所示。

（30）绘制圆角矩形，宽15 mm、高8 mm，圆角半径为3 mm。填充色为浅橙色（C=0%、M=32%、Y=43%、K=0%），描边色为无，得到一个水果夹心，将其复制多个并拖拽到适当的位置，效果如图5-88所示。

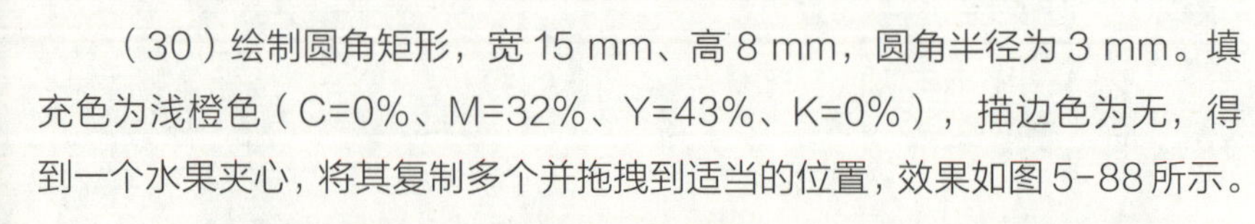

图5-92　绘制餐刀

（31）选择“椭圆工具”，绘制半径为14 mm的正圆，得到一个樱桃，将其拖拽到适当的位置。

（32）将樱桃填充为红色（C=0%、M=87%、Y=69%、K=0%），描边色为无，将其放于蛋糕中心的位置，效果如图5-89所示。

（33）选择“曲率工具”进行描边，加上樱桃梗，线条颜色填充为深棕色，描边粗细选择4 pt，效果如图5-90所示。

（34）按住Alt键复制一个餐盘作为餐盘阴影，将阴影填充为深粉色（C=0%、M=40%、Y=14%、K=0%），描边色为无，同时按住“Ctrl +]”键，将其放于餐盘下方的位置，效果如图5-91所示。

（35）使用“钢笔工具”和“曲率工具”绘制餐刀，刀面填充色为米白色，刀身颜色为粉红色（C=0%、M=63%、Y=9%、K=0%），全选，单击右键进行编组，效果如图5-92所示。

图5-93　绘制餐具阴影

图5-94　绘制餐盘内部装饰

图5-95　绘制餐布

图5-96　复制摆放

图5-97　删去多余半圆

图5-98　多项复制

图5-99　删去多余部分

图5-100　移动至原位

（36）勺子的绘制步骤同餐刀一致。

（37）按住Shift键的同时选择餐刀与勺子，复制粘贴，放大作为投影，颜色吸取餐盘投影色，效果如图5-93所示。

（38）复制一个餐盘并缩小，作为餐盘内部装饰，将其填充为粉红色（C=0%、M=55%、Y=10%、K=0%），同时按住“Ctrl +]”键将其放于蛋糕下方的位置，效果如图5-94所示。

（39）回到餐桌图层，选择“矩形工具”，在页面中单击鼠标，绘制适当大小的餐布，餐布颜色为果绿色（C=24%、M=3%、Y=60%、K=0%），效果如图5-95所示。

（40）选择“圆角矩形工具”，在页面中单击鼠标，绘制宽40 mm、高20 mm，圆角半径为3 mm的圆角矩形。点击图形选中四个圆点拉动，设置图形填充色为浅绿色（C=35%、M=3%、Y=60%、K=0%），并设置描边色为无，复制粘贴，将其摆成十字，效果如图5-96所示。

（41）全选两个圆角矩形，选择“形状生成器工具”，随机删去两个半圆得到一个心形，效果如图5-97所示。

（42）将爱心旋转摆正，将其移动到复制的餐布中，按住Alt键复制一个爱心后，同时按住“Ctrl+D”键，复制多个爱心，交错移动到上方，效果如图5-98所示。

（43）选择“形状生成器工具”，按住Alt键删去桌布外多余的图形，并单击右键将全部心形进行编组，效果如图5-99所示。

（44）移动完成的整个桌布到正中间下方，效果如图5-100所示。

图 5-101　绘制树丛形状

图 5-102　删去多余形状

图 5-103　绘制果子

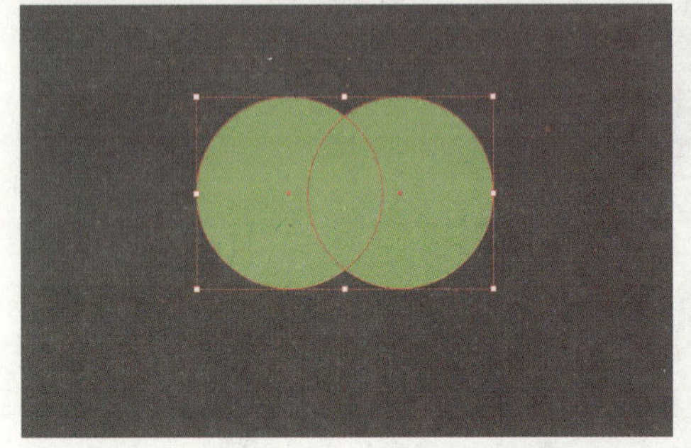

图 5-104　绘制叶片

图 5-105　删去多余形状

图 5-106　复制叶片

图 5-107　字体样式

图 5-108　最终效果

（45）复制一个窗口到空白处，选择“椭圆工具”，绘制出树丛大致形状。设置树丛填充色为浅绿色（C=23%、M=4%、Y=59%、K=0%）、粉色（C=4%、M=33%、Y=10%、K=0%），并设置描边色为无，效果如图 5-101 所示。

（46）全选窗口与树丛，选择“形状生成器工具”，按住 Alt 键删去窗口外的图形，效果如图 5-102 所示。

（47）选择“椭圆工具”，按住 Shift 键绘制三个大小不同的正圆作为树上的果子，设置果子填充色为红色（C=9%、M=75%、Y=37%、K=0%），效果如图 5-103 所示。

（48）选择“椭圆工具”，按住 Shift 键绘制一个正圆，复制粘贴，使两个圆形重合作为叶片，设置叶片填充色为果绿（C=40%、M=5%、Y=70%、K=0%），效果如图 5-104 所示。

（49）全选两个圆形，选择“形状生成器工具”，按住 Alt 键删去外部两侧的半圆得到叶片形状，效果如图 5-105 所示。

（50）复制粘贴并进行缩放，生成多个叶片，放置于果子上方，效果如图 5-106 所示。

（51）最后将整个窗户编组移回原处。

（52）在画面上方使用“文字工具”，加上装饰字体“Girl And Cake”，设置字体填充色为深粉色（C=0%、M=76%、Y=9%、K=0%），字体样式设置如图 5-107 所示。

（53）最终画面效果如图 5-108 所示。

三、学习任务小结

通过本次学习任务，同学们掌握了灵活使用各种工具创作商业插画的方法，掌握了各种工具的使用技巧。同时，提升了设计作品的艺术感和表现力，提升了创意思维和问题解决能力，激发了创作灵感，培养了持续学习的习惯。

四、课后作业

（1）课后进一步熟悉钢笔工具及形状工具的使用方法和操作技巧。

（2）请同学们利用形状工具及钢笔工具绘制一幅商业插画，如图 5-109 所示。

图 5-109　商业插画

项目六

数字图形在数字媒体艺术中的应用

学习任务一　个人名片设计

学习任务二　X 展架海报设计

学习任务三　宣传页设计

学习任务四　企业办公用品设计

个人名片设计

教学目标

（1）专业能力：了解个人名片设计的基本内容及其用途等相关知识。

（2）社会能力：具备独立设计与制作个人名片的能力，以及合理构图、排版、配色等能力。

（3）方法能力：能多看课件、多看视频，能认真倾听多做笔记；能多问多思勤动手；课堂上主动承担小组任务，相互帮助；课后在专业技能上主动多实践。

学习目标

（1）知识目标：了解设计与制作个人名片的相关基础信息。

（2）技能目标：能根据需求进行个人名片的设计与制作。

（3）素质目标：培养学生善于记录、总结及运用网络资源、自主学习等学习习惯，严谨、细致的学习态度，发现问题、解决问题的能力。

教学建议

1. 教师活动

讲解设计与制作个人名片的基础知识。

2. 学生活动

认真聆听教师讲解设计与制作个人名片的基础知识，了解设计与制作个人名片的主要知识点，在教师的指导下进行实训。

一、学习问题导入

在商业交流中，个人名片是传递个人信息和企业形象的重要媒介。一款设计精良、艺术感十足的名片，不仅能吸引目光，还能让人留下深刻印象，从而有效扩大宣传效果。宣传自己，需要在名片上记录自己的职业职务、工作单位、联络方式等，形成一种向外传播的媒介。宣传企业，名片除标注个人信息资料外，还应标注企业资料，如企业的名称、地址及企业的业务领域等。这类名片企业信息较为重要，个人信息是次要的，在名片中要有企业的标志、标准色、标准字等，使其成为企业整体形象的一部分。

本学习任务要求我们为品一广告设计公司设计师设计一款既具有艺术性又兼具实用性的个人名片，这将有助于设计师在各种商务场合中脱颖而出，更好地推广品一广告设计公司及设计师本人。让我们开始动手，运用 Adobe Illustrator CC 2022 的强大功能，设计一款让人眼前一亮的个人名片。

设计思路：

在本次学习任务中，我们将学习如何运用 Adobe Illustrator CC 2022 的各种工具和功能来设计个性化的名片。我们首先从名片的尺寸和布局开始，选择合适的构图、字体和颜色方案，并通过图形图像元素来传达名片信息。然后，通过具体的工具和菜单栏命令的应用，为名片添加创意元素，确保名片设计简洁而不失精致，信息清晰易读。需要依据名片设计规范进行设计，并在规定时间内完成设计与制作。

二、学习任务讲解

（一）个人名片设计

1. 名片的基本知识

名片是标示姓名及所属组织、公司单位和联系方式的纸片，是新朋友互相认识、自我介绍最有效的媒介。交换名片是商业交往的标志性动作，因此，名片设计要做到文字简明扼要、字体层次分明，强调设计意识，艺术风格要新颖。名片范例如图 6-1 所示。

2. 名片设计规范

一般名片的内容包含公司的 LOGO、姓名、职务、手机号码、邮箱等信息。名片的标准尺寸为 90 mm × 54 mm、90 mm × 50 mm、90 mm × 45 mm，还要加上上下左右各 2 mm 的出血，所以尺寸设置为 94 mm × 58 mm、94 mm × 54 mm、94 mm × 49 mm。色彩模式应为 CMYK，分辨率建议为 300 ppi。大家可以看到，名片分栏设计手法有上下分层排版，还有左右分层排版，都是遵循黄金比例的构图原则，即 1 ∶ 0.618 的构图比例，这个比例也适用于摄影等其他领域。名片范例如图 6-2 所示。

图 6-1　名片范例 1

图 6-2　名片范例 2

（二）技能实训——个人名片设计与制作

我们将根据所给用户信息，为品一广告设计公司李言敏设计师设计出一款既具有艺术性又实用的个人名片。

（1）首先，我们双击打开 Adobe Illustrator CC 2022，再点击文件新建菜单，设置一个 90 mm × 54 mm大小的文件，分别设置上下左右出血位为2 mm，色彩模式为CMYK，分辨率为300 ppi，如图6-3所示。得到一个空白文档，如图 6-4 所示。

（2）选择右侧属性面板，点击最下面的“文档设置”按钮（见图 6-5），弹出对话框，找到编辑画板，如图 6-6 所示。按住 Alt 键，复制一个同样大小的画板，如图 6-7 所示。

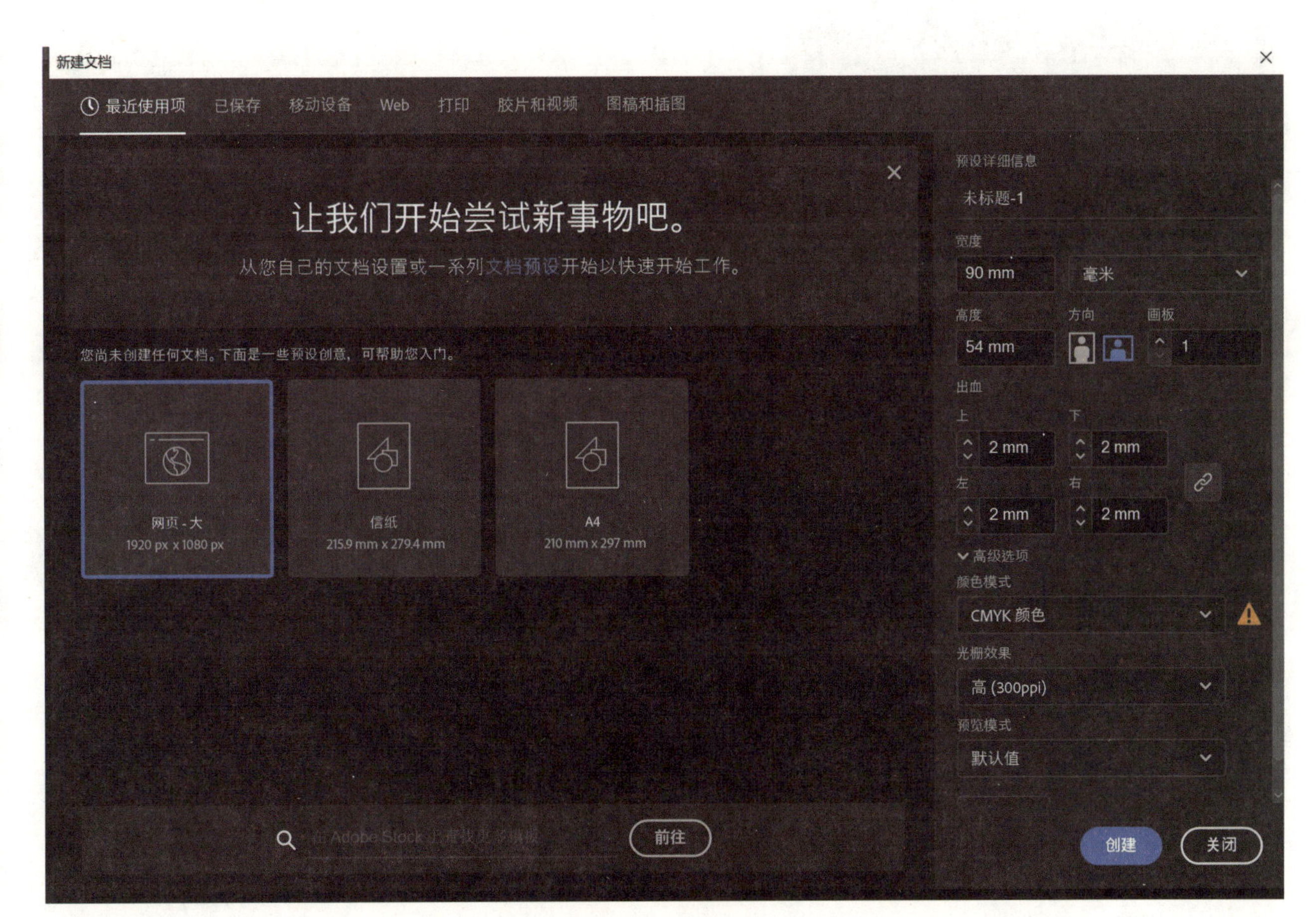

图6-3　新建文档

图6-4　空白文档

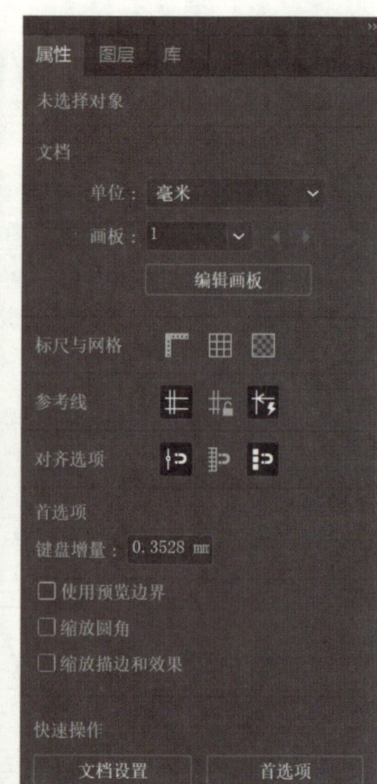

图6-5　文档设置按钮

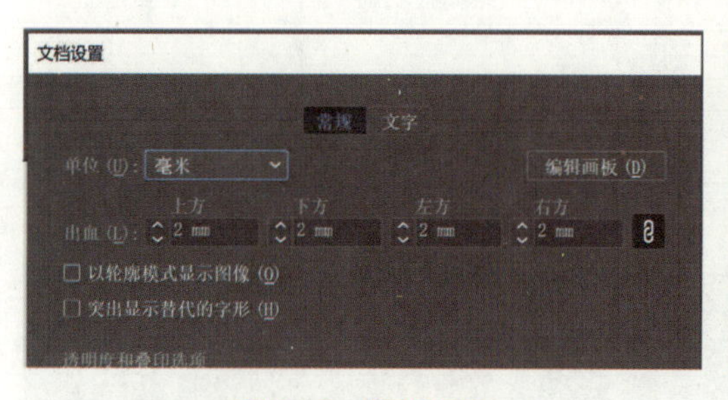

图6-6　编辑画板

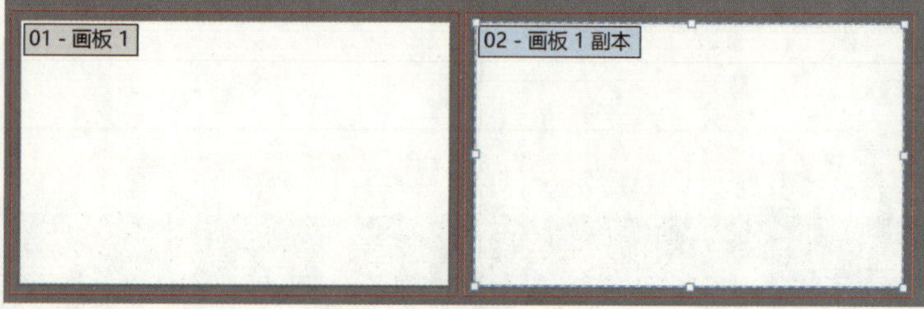

图6-7　复制画板

（3）点击工具箱中的椭圆工具，按住 Shift 键，绘制一个正圆，如图 6-8 所示；点击填色与填充，填充黑色，如图 6-9 所示。

（4）用选择工具选中圆形，点击菜单栏，执行“效果”—“扭曲”—“玻璃”命令，如图 6-10 所示。设置“玻璃”命令的参数，如图 6-11 所示。得到一个玻璃效果的圆形，如图 6-12 所示。

（5）选择矩形工具，绘制一个名片大小的矩形，用选择工具，按住 Shift 键，同时选中矩形和玻璃效果圆形，单击右键打开快捷菜单，如图 6-13 所示。选择建立剪切蒙版，如图 6-14 所示。

（6）导入 LOGO，如图 6-15 所示。

（7）点击工具箱中的文本工具，选择黑色字体，输入文字内容，如图 6-16 所示。

（8）用选择工具选择玻璃效果部分，按住 Alt 键，复制一份至名片背面，如图 6-17 所示。

（9）选择复制的图形，点击右侧属性面板，选择水平翻转，如图 6-18 所示。得到的效果如图 6-19 所示。

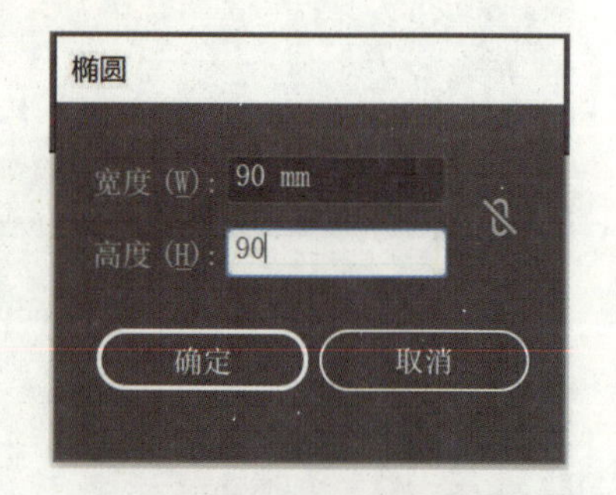

图6-8　设置圆形

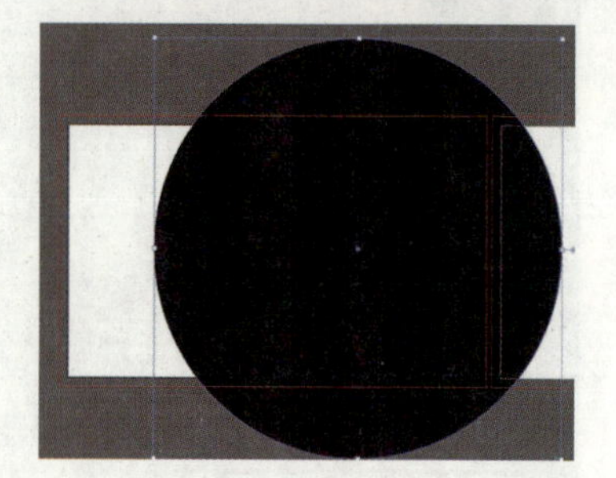

图6-9　填充黑色

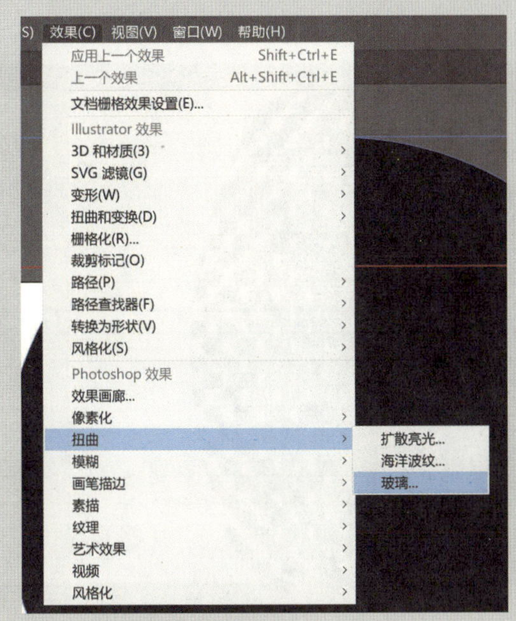

图 6-10 “效果”—“扭曲”—“玻璃”命令

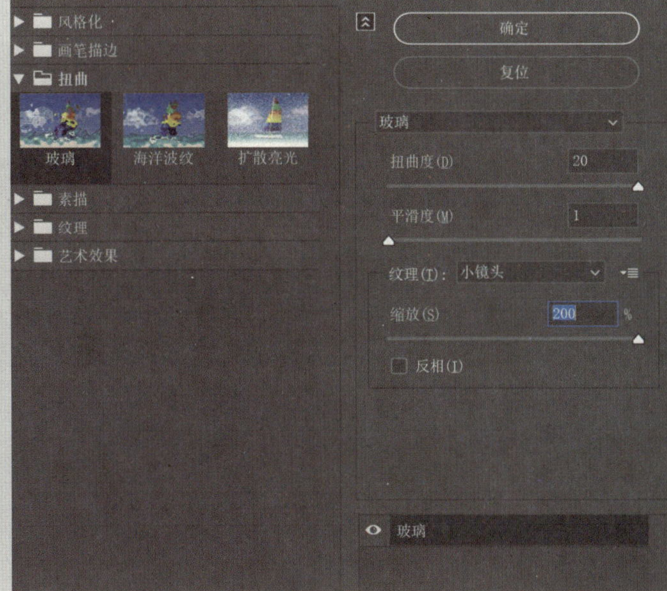

图 6-11 玻璃参数

图 6-12 玻璃效果

图 6-13 快捷菜单

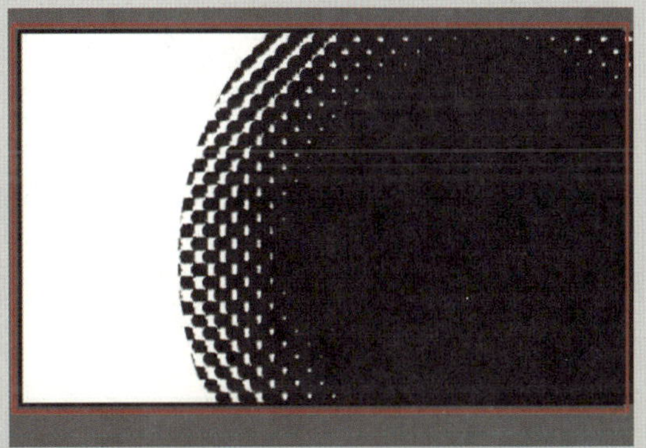

图 6-14 建立剪切蒙版

图 6-15 导入 LOGO

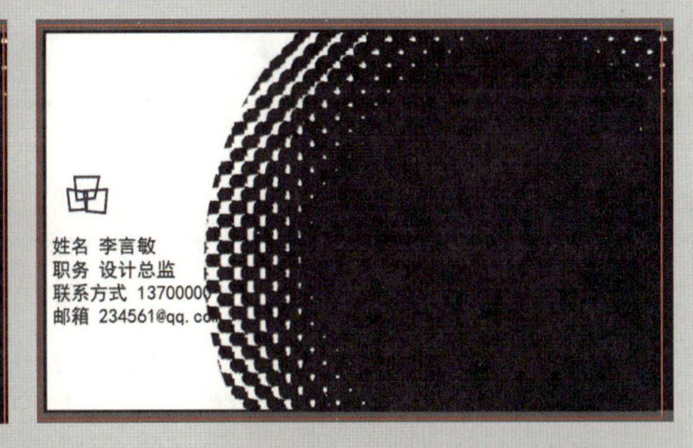

图 6-16 输入文本 1

图 6-17 复制

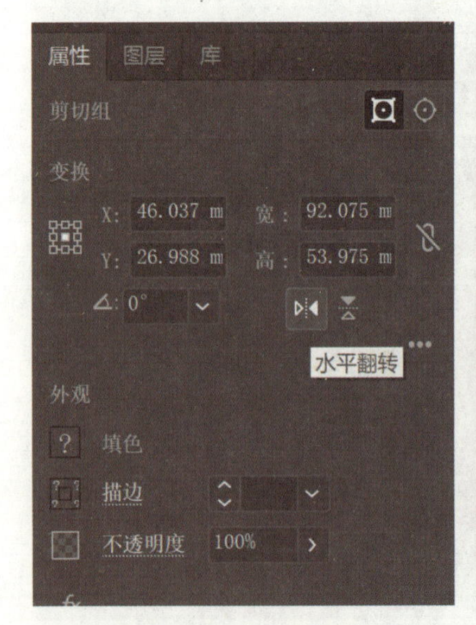

图 6-18　属性面板

图 6-19　翻转图形

（10）在名片背面导入 LOGO。点击工具箱中的文本工具T，选择黑色字体，输入文字内容，如图 6-20 所示。注意所有文本要创建轮廓。

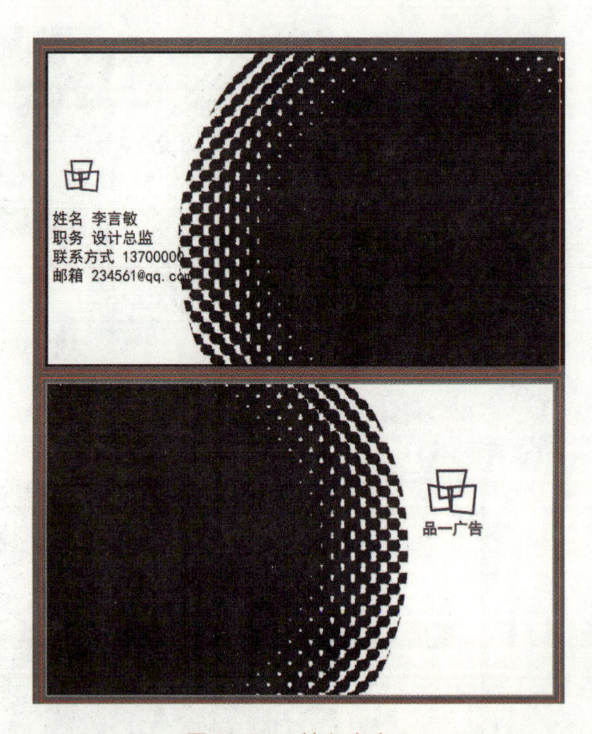

图 6-20　输入文本 2

三、学习任务小结

通过本次课程的学习，同学们已经基本掌握了 AI 软件的选择、复制等基本操作，同时，还能结合菜单栏的效果等命令进行名片的设计与制作，希望大家将本次课的知识点进行归纳和总结，课后多加练习。

四、课后作业

请大家完成图 6-2 所示的 90 mm×54 mm 大小名片的绘制。

X 展架海报设计

教学目标

（1）专业能力：了解 X 展架海报设计的基本内容及其用途等相关知识。

（2）社会能力：具备独立设计与制作 X 展架海报的能力，能合理构图、排版、配色等。

（3）方法能力：能多看课件、多看视频，能认真倾听，多做笔记；能多问多思勤动手；课堂上主动承担小组任务，相互帮助；课后在专业技能上主动多实践。

学习目标

（1）知识目标：了解设计与制作 X 展架海报的相关基础信息。

（2）技能目标：能根据需求进行 X 展架海报的设计与制作。

（3）素质目标：培养学生善于记录、总结、思考及自主学习等学习习惯，严谨、细致的学习态度，发现问题、解决问题的能力。

教学建议

1. 教师活动

讲解设计与制作 X 展架海报的基础知识。

2. 学生活动

认真聆听教师讲解设计与制作 X 展架海报的基础知识，了解设计与制作 X 展架海报的主要知识点，在教师的指导下进行实训。

一、学习问题导入

X 展架海报是一种便携式展示工具，常用于商业活动、展览和会议中，它能有效展示公司信息，吸引潜在投资者和合作伙伴。在广告设计公司的开业典礼上，精心设计的 X 展架海报将展示公司的业务优势和企业文化，是招商引资的重要媒介。

在本次课程中，我们将学习用设计软件 Adobe Illustrator 创建适合 X 展架海报的图形和布局。我们将从 X 展架海报的规格和设计要求出发，选择合适的图像分辨率和色彩模式，设计出既有吸引力又能准确传达信息的展示内容。需要依据 X 展架海报设计规范进行设计，结合形式美的法则，在指定时间内完成设计与制作。

让我们开始动手，运用 Adobe Illustrator CC 2022 的强大功能，设计一款让人眼前一亮的 X 展架海报。

设计思路：

在本次学习任务中，我们将学习如何运用 Adobe Illustrator CC 2022 的各种工具和功能来设计个性化的 X 展架海报。我们首先从 X 展架海报的尺寸和布局开始，选择合适的构图、字体和颜色方案，并通过图形图像元素来传达公司的业务优势和企业文化等信息。然后，通过具体的工具和菜单栏命令的应用，为 X 展架海报添加创意元素，确保 X 展架海报简洁、大方，信息清晰易读。需要依据 X 展架海报的相关内容进行设计，在规定时间内完成设计与制作。

二、学习任务讲解

（一）X 展架海报设计

1.X 展架海报的基本知识

X 展架海报是一种常见的展示与宣传的工具，通常用于企业宣传、商业展示、会议报告等。其简洁、大方、易安装的特点使得 X 展架海报成为广告领域不可缺少的一种宣传工具，如图 6-21 所示。

图 6-21　X 展架海报 1

2.X 展架海报设计规范

X 展架海报常见设计尺寸是 800 mm×1800 mm、600 mm×1600 mm，色彩模式采用 CMYK 模式，300 ppi 以上分辨率，适用于大多数展览空间或会议场地等场所，也可以根据用户实际需要，选择其他尺寸。需要注意的是，尺寸过大可能会影响 X 展架海报的便携性。

X 展架海报的设计风格应该与企业形象或活动主题相一致。例如，对于企业宣传，可以选择使用企业

图 6-22　X 展架海报 2

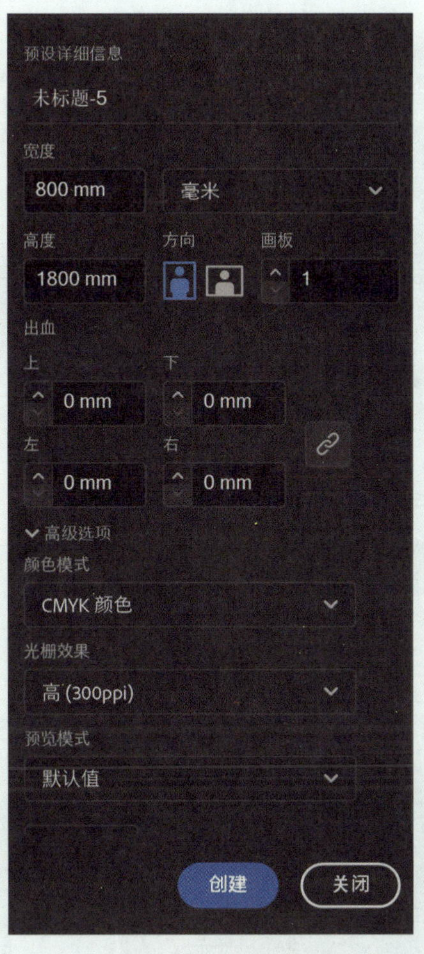

图6-23　新建文档

图6-24　空白画板

标志、产品图片、企业口号等作为主要设计元素；对于活动宣传，应突出活动主题、时间地点等信息。总体来说，设计要简洁、清晰易懂，能吸引观众的注意力。X 展架海报排版应考虑内容的重要性和阅读顺序。重要信息应置于易于阅读的位置，并使用较大字号和明亮的颜色以增加可读性。颜色的搭配要考虑与企业形象或主题的统一。X 展架海报的标题应该简明扼要地概括主题或宣传信息，字号要适中，但要保证足够大，以引起观众的注意。标题应放置在 X 展架海报的顶部，以方便观众在短时间内获取信息。

X 展架海报主要内容通常包括企业简介、产品或者服务介绍、联系方式等。要清晰地展示企业的核心价值和优势，并给予观众足够信息，使其能够进一步了解企业或参与活动。同时，也可以加入一些引人注目的图片或图表，以提高 X 展架海报的吸引力，如图 6-22 所示。

（二）技能实训——X 展架海报的设计与制作

我们将根据所给用户信息，为品一广告设计公司的开业活动设计一款 X 展架海报。

（1）首先，我们双击打开 Adobe Illustrator CC 2022，再点击“菜单”—“文件”—“新建”，设置一个 800 mm×1800 mm 大小的文件，色彩模式为 CMYK，分辨率为 300 ppi，如图 6-23 所示。得到一个空白画板，如图 6-24 所示。

（2）点击工具箱中的填充工具，设置参数，填充红色，如图 6-25 和图 6-26 所示。

（3）点击工具箱中的钢笔工具，绘制两段曲线，按照同样的办法设置参数，填充颜色，如图 6-27 和图 6-28 所示。

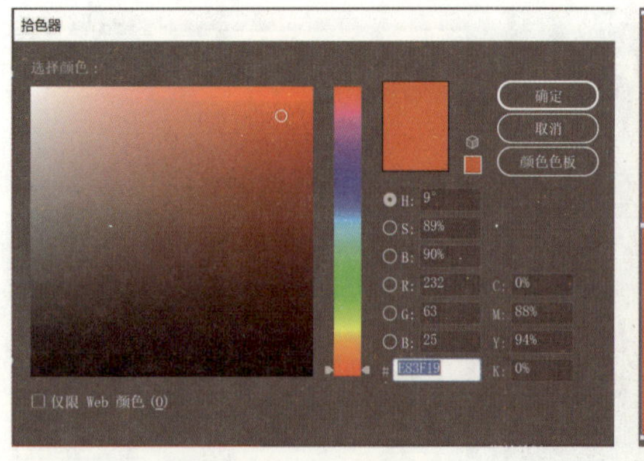

图 6-25　设置参数 1

图 6-26　填充 1

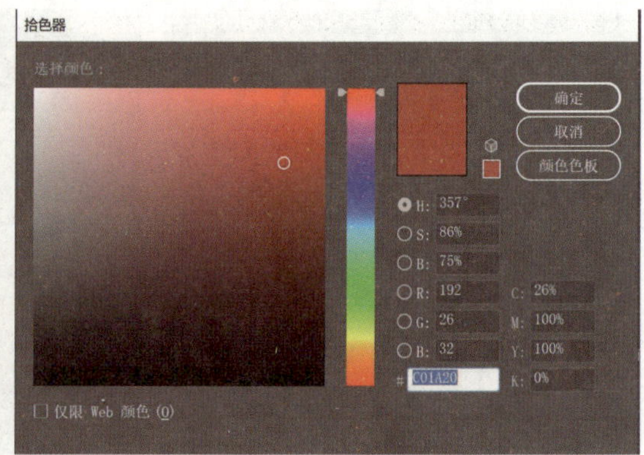

图 6-27　设置参数 2

图 6-28　填充 2

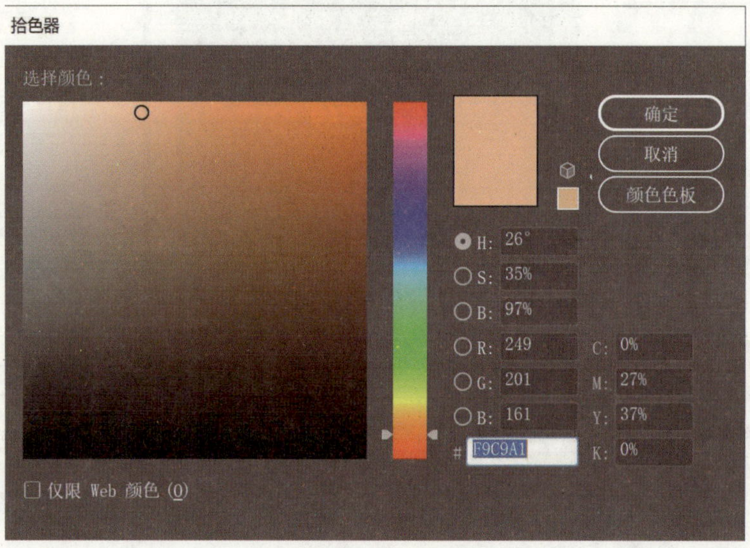

图 6-29　设置参数 3

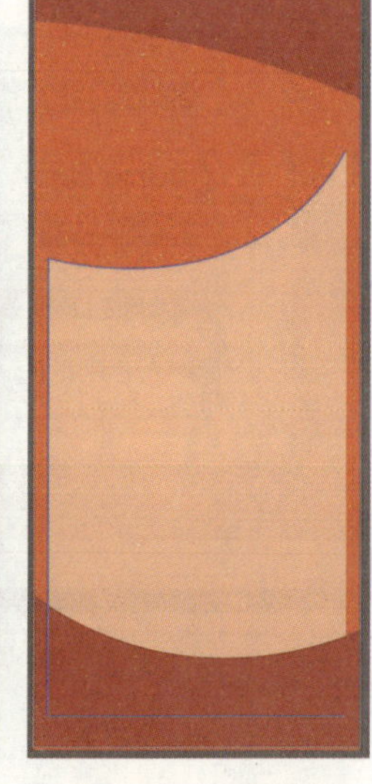

图 6-30　填充 3

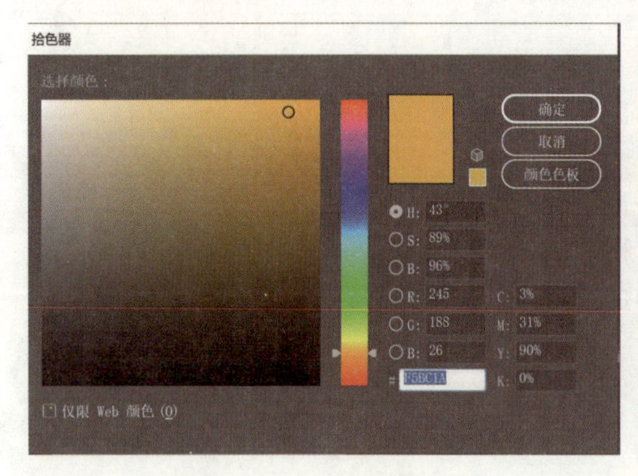

图 6-31　设置参数 4

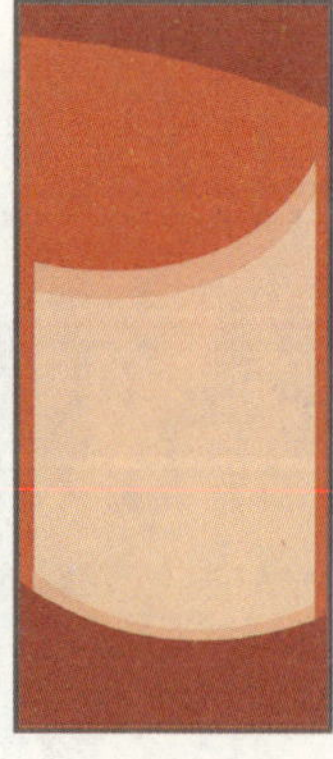

图 6-32　填充 4

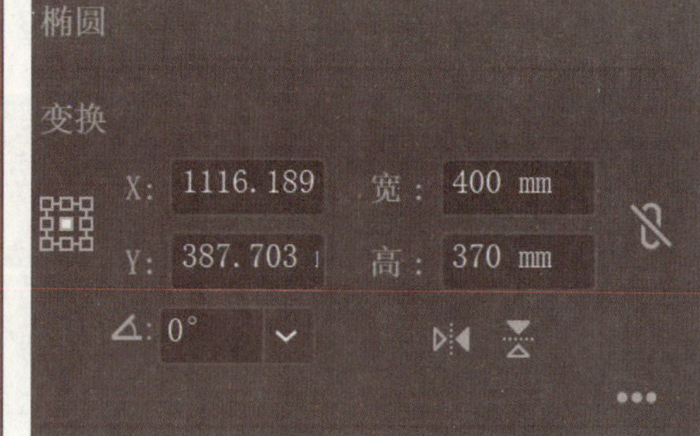

图 6-33　椭圆工具

（4）继续用工具箱中的钢笔工具绘制一段曲线，按照同样的办法设置参数，填充颜色，如图 6-29 和图 6-30 所示。

（5）继续用工具箱中的钢笔工具绘制一段曲线，并按照同样的办法设置参数，填充颜色，如图 6-31 和图 6-32 所示。

（6）点击工具箱中的椭圆工具，单击画板，弹出对话框，如图 6-33 所示，设置参数，绘制一个椭圆，并按照同样的办法设置参数，填充颜色，如图 6-34 所示。

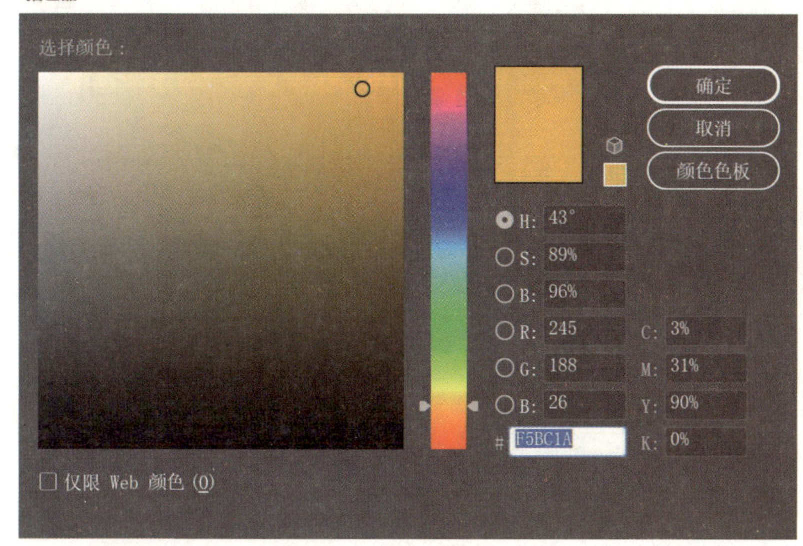

图 6-34　设置参数 5

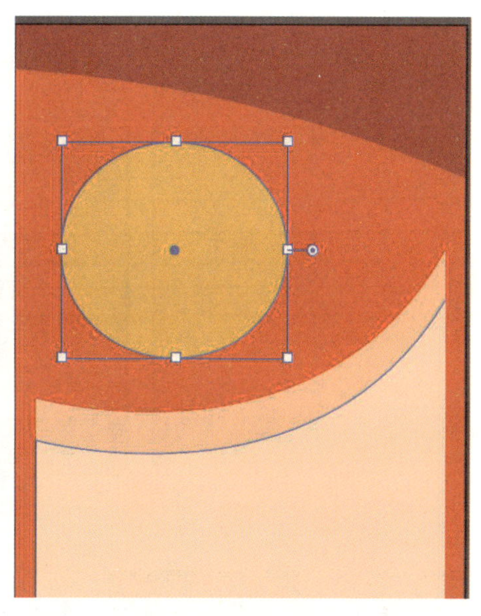

图 6-35　绘制椭圆

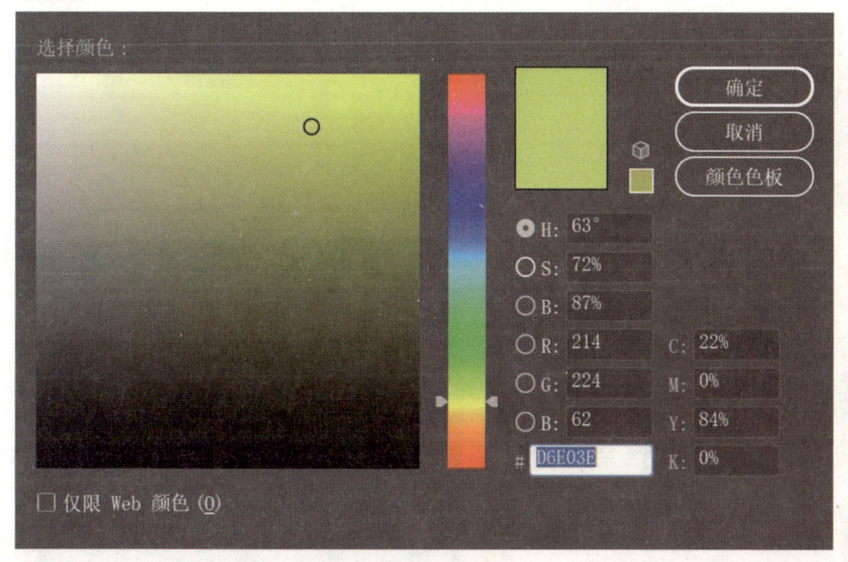

图 6-36　设置参数 6

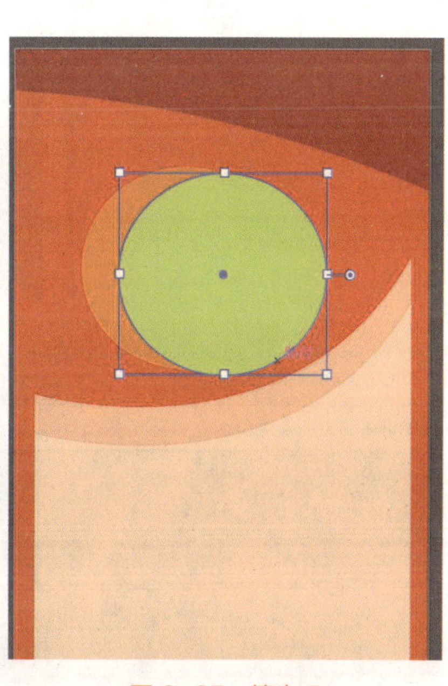

图 6-37　填充 5

（7）得到一个填充颜色为黄色的椭圆形，如图 6-35 所示。

（8）选择挑选工具，按住 Alt 键，复制一个椭圆，并按照同样的办法设置参数，填充颜色，如图 6-36 和图 6-37 所示。

（9）点击右侧属性面板—外观，如图 6-38 所示。更改不透明度为 48%，效果如图 6-39 所示。

（10）选择工具箱中的文本工具，单击画板，输入文字，如图 6-40 所示。

（11）选中文字，单击右键，在快捷菜单里选择创建轮廓命令，如图 6-41 所示。

（12）点击工具箱中的曲率工具，调整文字外轮廓，如图 6-42 所示。

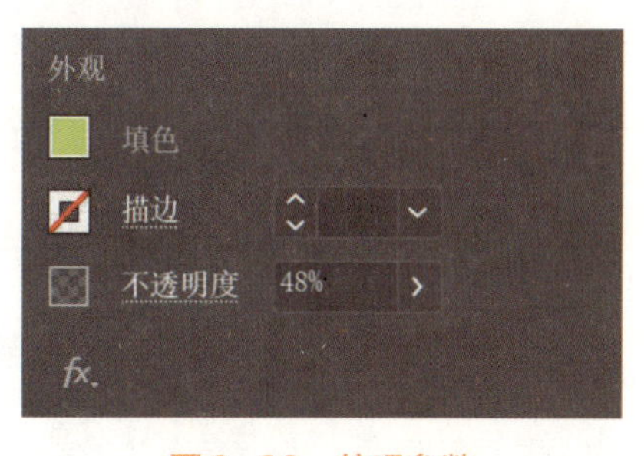

图 6-38　外观参数

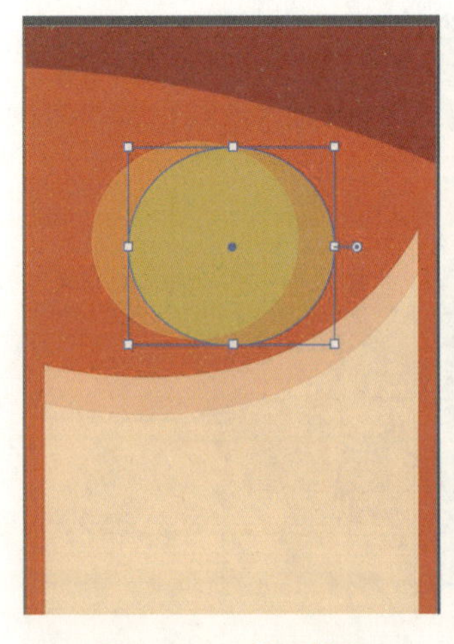

图6-39　外观效果

图6-40　输入文本

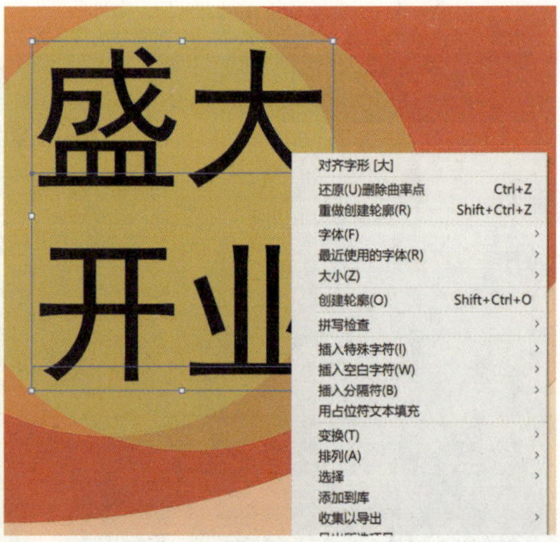

图6-41　创建轮廓命令

图6-42　调整文字外轮廓

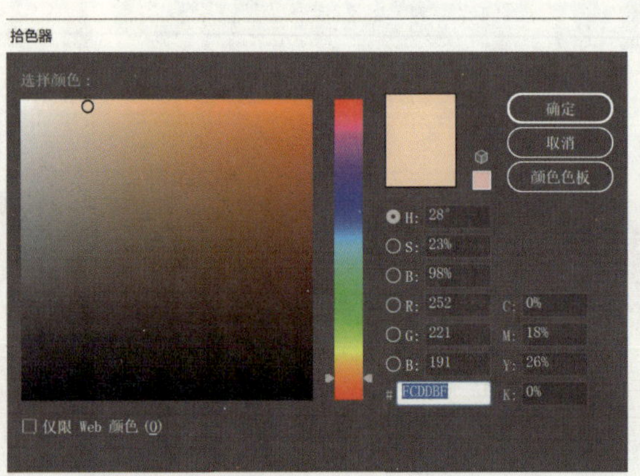

图6-43　设置参数7

图6-44　填充6

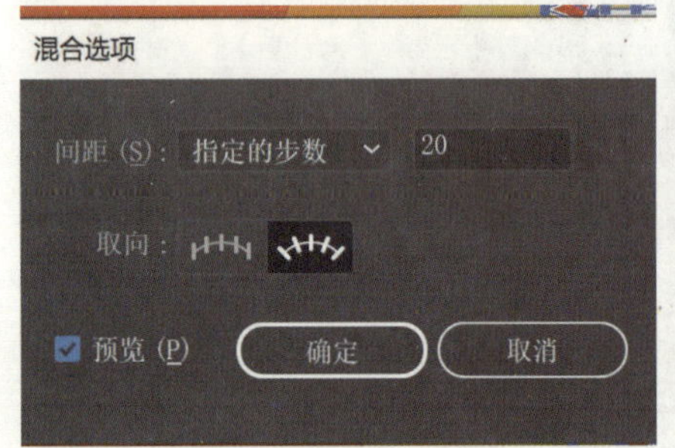

图6-45　混合选项

图6-46　混合效果

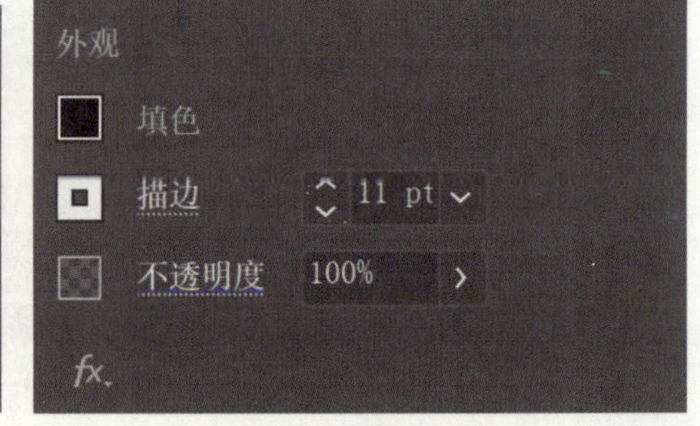

图6-47　外观属性

（13）点击选择工具，按住 Alt 键，复制文字；点击工具箱中的填充工具，设置参数，如图6-43和图6-44所示。

（14）选中两个文字图层，选择工具箱中的混合工具，单击画板，弹出混合选项对话框，如图6-45所示。设置参数，得到一个混合文字图形，如图6-46所示。

（15）继续复制一个文字图层，并填充为黑色，外观属性设置如图6-47所示。加粗文字边框，调整边框颜色，如图6-48所示。

（16）选择工具箱中的文本工具，单击画板，输入文字，如图6-49所示。

（17）选择工具箱中的多边形工具，绘制四个多边形，并填充颜色，

图6-48　调整边框

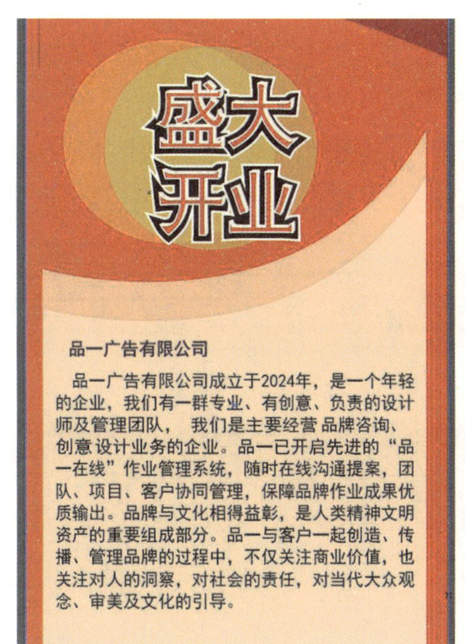

图 6-49　输入文字 1

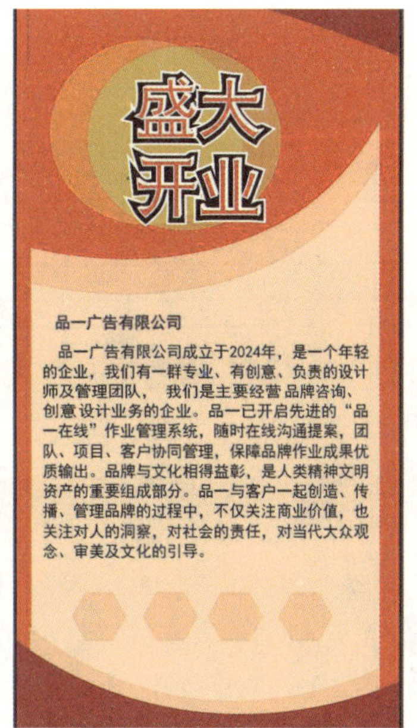

图 6-50　绘制多边形

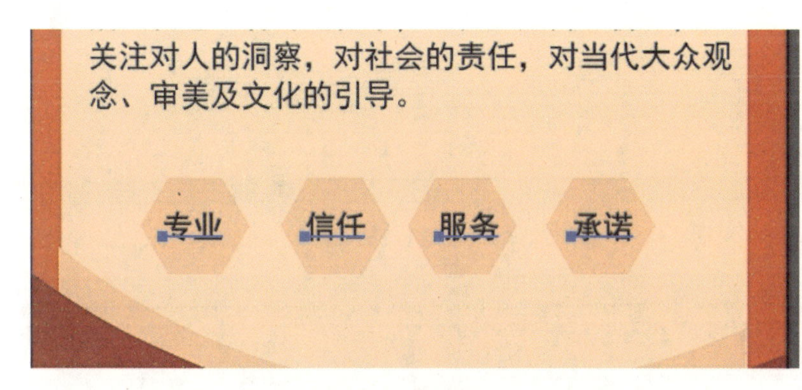

图 6-51　输入文字 2

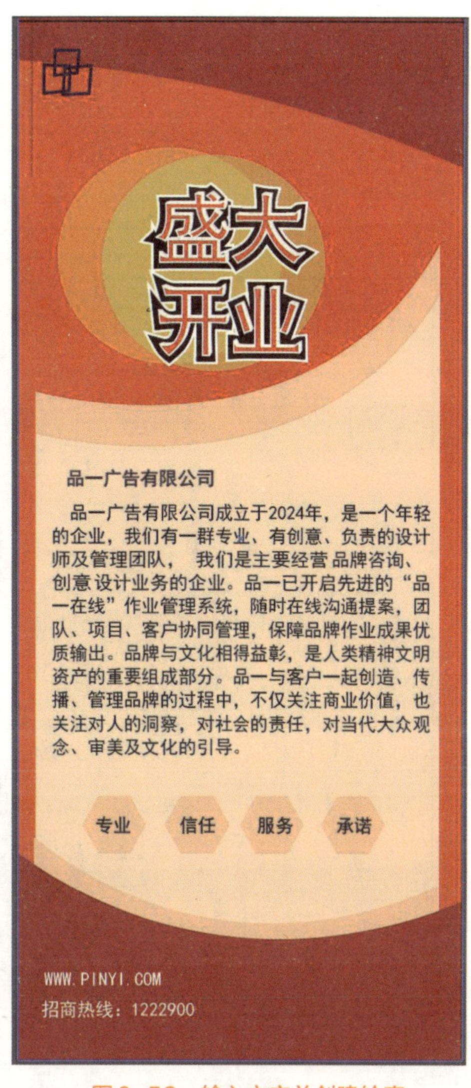

图 6-52　输入文字并创建轮廓

如图 6-50 所示。

（18）选择工具箱中的文本工具，单击画板，输入文字，如图 6-51 所示。

（19）继续选择工具箱中的文本工具，单击画板，输入文字，如图 6-52 所示。注意所有文本要创建轮廓。

三、学习任务小结

通过本次课程的学习，同学们已经基本掌握了 AI 软件的文本、混合、曲率等基本工具的使用方法。同时，能结合快捷菜单等命令进行 X 展架海报的设计与制作，希望大家课下多加练习，做到熟能生巧。

四、课后作业

请大家完成图 6-22 所示的 800 mm×1800 mm 大小 X 展架海报的绘制。

宣传页设计

教学目标

（1）专业能力：使学生掌握宣传页设计的专业技能，能够独立完成从概念构思到成品输出的全过程，具备解决设计难题、创新设计方案的能力；掌握宣传页设计的市场定位与受众分析方法。

（2）社会能力：培养学生的团队协作精神和沟通能力，引导学生关注社会热点和市场需求，理解设计作品的社会价值和影响力，培养社会责任感。注重学生的职业道德教育，确保他们在设计工作中尊重知识产权，遵循行业规范。

（3）方法能力：教导学生掌握科学的设计方法和思维模式，能够系统地分析和解决问题。鼓励学生提高设计效率和质量，培养学生的自主学习和创新能力，使他们能够持续跟进设计趋势，不断提升自己的专业素养和综合能力。

学习目标

（1）知识目标：深入理解数字图形在宣传页设计中的核心应用。掌握宣传页设计的基本原理、流程、受众分析及市场定位知识。了解数字媒体艺术的发展趋势，以便将前沿设计理念融入宣传页创作中，提高设计创意技能。

（2）技能目标：熟练运用图形设计软件 Adobe Illustrator，进行宣传页的高效设计与制作。掌握创意构思与视觉表达技能，提升信息整合与排版能力。通过实践，培养解决设计难题与应对变化的能力。

（3）素质目标：培养良好的审美素养与创新能力，注重团队合作与沟通，与团队成员共同完成设计任务，提升协作效率。保持对数字媒体艺术的热情与探索精神，持续学习新知识、新技术，以适应行业发展的需求，强化职业道德观念。

教学建议

1. 教师活动

（1）教师详细讲解数字图形在宣传页设计中的基础理论知识，包括色彩理论、排版规则、构图原则等。结合实际案例，分析优秀宣传页的设计思路、创意点及数字图形的应用技巧，使学生直观理解理论知识在实践中的应用。

（2）展示并教授主流图形设计软件 Adobe Illustrator 的基本操作与高级技巧，特别是与宣传页设计密切相关的功能。强调软件操作的规范性和效率性，鼓励学生通过实践掌握软件技能。

（3）要求学生按照要求进行宣传页设计，及时给予指导和反馈，帮助他们解决遇到的问题，提升设计能力。

（4）组织学生进行小组讨论或全班讨论，分享各自的设计思路、创意点及遇到的难题。通过互动讨论，激发学生的创新思维，促进相互学习。

（5）对学生的设计作品进行逐一点评，指出优点和不足，并提出改进建议。鼓励学生之间相互评价，培养他们的批判性思维和评价能力。

2. 学生活动

（1）认真听取教师的理论讲解，做好笔记，并尝试将理论知识应用到实际操作中。通过大量练习，熟练掌握图形设计软件的各项功能，提升设计效率和质量。

（2）根据设计任务，进行深入的市场调研和受众分析，明确设计目标和定位。运用创意思维方法（如头脑风暴、思维导图等），进行创意发散和构思设计方案。

（3）根据构思方案，利用设计软件进行宣传页的设计制作，不断与教师和同学沟通交流，及时调整设计思路和方法。

（4）完成设计后，积极参与作品展示环节，向教师和同学展示自己的设计成果。认真听取教师和同学的点评和建议，虚心接受反馈并进行改进。

一、学习问题导入

同学们，今天我们来一起完成一个贴近实际的设计任务：为树智媒体公司设计一张引人注目的宣传页。

树智媒体公司是一家专注于创新数字媒体解决方案的领先企业，他们希望通过一张宣传页来展示他们的专业实力、服务特色以及最新成果，吸引更多潜在客户的注意。

作为设计师的我们，应该如何利用数字图形来打造这样一张宣传页呢？

首先，为什么数字图形这么重要？

在快节奏的现代社会，人们每天都会被大量的信息包围。如果我们只是简单地列出树智媒体公司的服务项目和优势，设计出来的宣传页很可能会被淹没在信息的海洋中。而数字图形，就像是我们手中的魔法棒，能够将抽象的信息转化为具体、生动的视觉形象，让宣传页瞬间变得鲜活起来，吸引观众的目光。

那么，我们该如何选择合适的数字图形呢？

（1）紧扣公司主题：我们要深入了解树智媒体公司的业务范围、品牌理念以及目标客户群体，然后选择与之紧密相关的图形元素。

（2）体现专业与创意：数字图形不仅要传达信息，还要展现公司的专业性和创意能力。我们可以尝试使用独特的设计风格、色彩搭配或图形组合，让宣传页在视觉上脱颖而出。

接下来，我们该如何进行排版设计呢？

排版是宣传页设计的灵魂。我们要考虑如何将数字图形、文字内容和色彩元素巧妙地融合在一起，形成一个整体协调、层次分明的设计方案。

（1）突出重点：通过调整大小、颜色、位置等手法，将公司最重要的信息或特色服务突出显示，让观众一眼就能抓住重点。

（2）保持平衡：注意宣传页的整体平衡感，避免给人一种头重脚轻或左重右轻的感觉。通过合理的布局和图形排列，让观众的视线能够自然流动。

（3）注重细节：细节决定成败。我们要仔细检查每一个图形、每一段文字甚至每一个像素的处理是否到位，确保宣传页的每一个细节都经得起推敲。也可以利用数字媒体技术的优势来增强宣传页的效果。比如，我们可以在宣传页上嵌入二维码，链接到公司的官方网站或社交媒体平台；或者利用动画效果让某些图形元素动起来，增加互动性和趣味性。

同学们，现在你们已经对树智媒体公司的宣传页设计有了初步的思路和想法吧？那就让我们拿起设计工具，动手实践起来！记得要发挥你们的创意和想象力。

二、学习任务讲解

（1）分析孟菲斯风格：运用几何形状 + 纯色图案 + 撞色 / 相似色，如图 6-53 所示。

（2）按 Ctrl+N 组合键，新建一个文档，宽度为 350 mm、高度为 248 mm，取向为横向，颜色模式为 CMYK，单击“创建”按钮。参数设置如图 6-54 所示。

（3）选择矩形，填充渐变颜色作为背景色，角度 36°，按快捷键“Ctrl+2”锁定，其渐变颜色为 C=42%、M=7%、Y=7%、K=0% 到 C=25%、M=4%、Y=4%、K=0%，效果如图 6-55 所示。

（4）绘制矩形，尺寸为宽度 128 mm、高度 185 mm，填充白色，水平居中摆放，添加效果—风格化—投影，参数如图 6-56 所示（Ctrl+2 锁定），投影颜色为 C=98%、M=87%、Y=28%、K=0%，如图 6-57 所示。

图6-53　孟菲斯风格海报

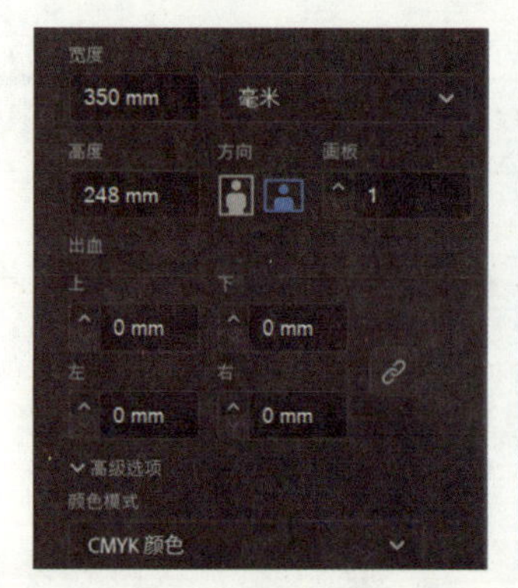

图6-54　文件尺寸

图6-55　矩形效果

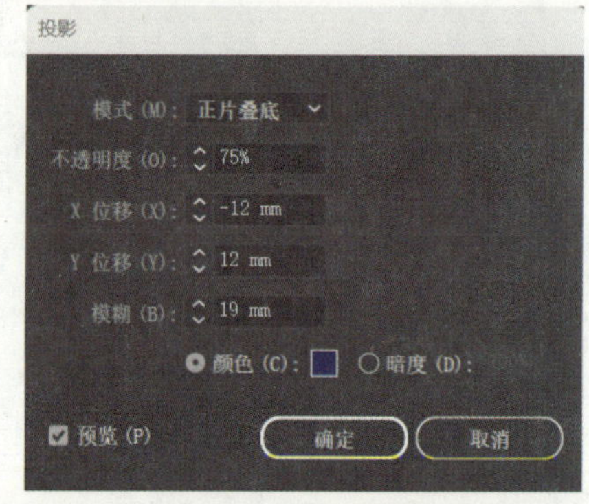

图6-56　投影参数

（5）绘制矩形，填充黑色描边，设置描边大小为 1.3 pt，按住 Alt 键拖动复制一份，然后按 Ctrl+D 重复上一步操作，如图 6-58 所示。

（6）选中横排的所有矩形，按住 Alt 键复制，继续按 Ctrl+D 重复上一步操作，然后按 Ctrl+G 编组，如图 6-59 所示。

（7）绘制矩形（快捷键 X 切换描边 / 填充色），按住 Alt 拖动复制一份，按住“-”删除左下角锚点，图形填充颜色分别为 C=75%、M=77%、Y=9%、K=0% 和 C=48%、M=0%、Y=32%、K=0%，效果如图 6-60 所示。

（8）按住 Alt 键拖动复制一份，变换—镜像，效果如图 6-61 所示。

（9）用同样的操作方法继续复制三角形，颜色填充为 C=7%、M=15%、Y=65%、K=0%，按“Ctrl+/”调整图层顺序，如图 6-62 所示。

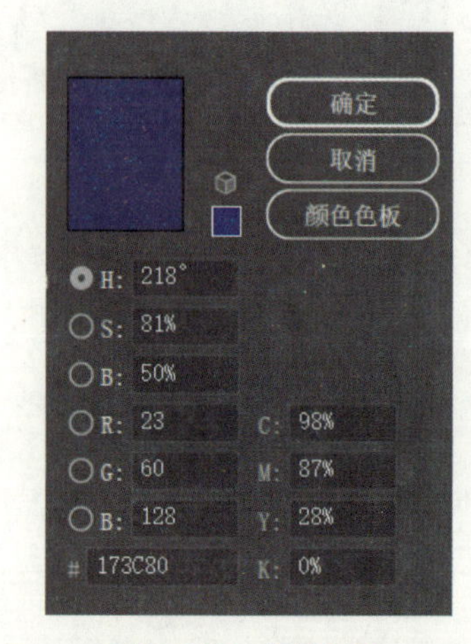

图6-57　投影颜色

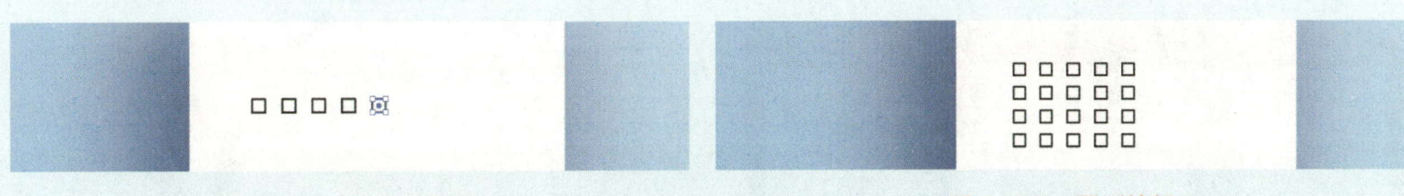

图 6-58　拖动复制图形　　图 6-59　图形编组

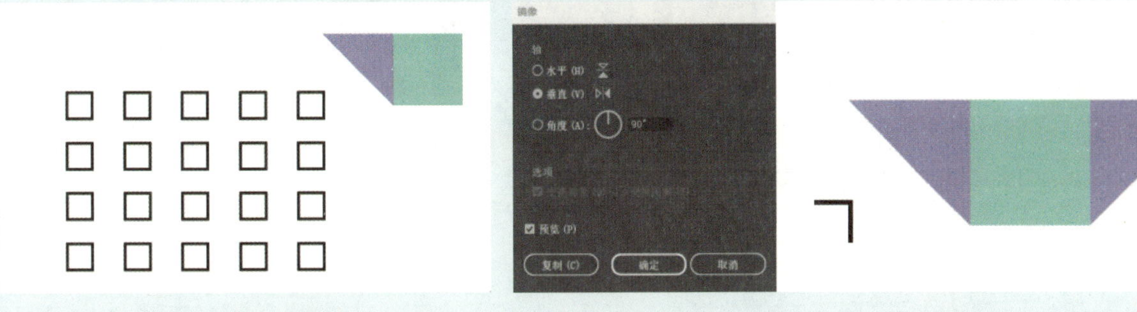

图 6-60　绘制图形　　图 6-61　复制图形

图 6-62　调整图层顺序

（10）继续绘制几何图形，使用椭圆工具、矩形工具绘制，填充不同颜色（颜色分别为 C=47%、M=14%、Y=0%、K=0%，C=0%、M=33%、Y=13%、K=0%，C=71%、M=64%、Y=61%、K=15%，C=71%、M=64%、Y=65%、K=0%）。可以通过快捷键 I 直接使用吸管工具吸取颜色，图形可以先随意绘制，之后进行调整。效果如图 6-63 所示。

（11）使用文本工具输入英文，字体为 Arial，输入数字日期，加入树智媒体的标志，效果如图 6-64 所示。

图 6-63　绘制、调整几何图形

图 6-64　输入英文，加入标志

图 6-65　复制图形，制作背景

图 6-66　创建剪切蒙版

（12）选中画面中绘制好的图形，按 Ctrl+C 复制，按 Ctrl+V 粘贴，复制到背景层，进行大小、位置、角度的调整，按 Ctrl+G 编组，如图 6-65 所示。

（13）最后绘制与画板等大的矩形，放在最上面一层，然后全选所有图层创建剪切蒙版，效果如图 6-66 所示。

三、学习任务小结

本课以树智媒体公司为例，深入探讨了数字图形在企业宣传页设计中的应用，完成了宣传页的设计。通过实践，我们掌握了数字图形设计技巧，如色彩搭配、图形元素创意组合等，确保设计既符合企业品牌形象，又具备实用性和美观性。同时，学习了设计软件的操作技巧，提升了设计效率与精准度。本次任务不仅加深了我们对数字媒体艺术的理解，也锻炼了我们的创新思维与实际操作能力。

四、课后作业

为了巩固所学知识并进一步提升实践能力，请同学们按照课堂实训的步骤，完成图 6-67 所示的宣传页。

图 6-67　课后作业效果图

企业办公用品设计

教学目标

（1）专业能力：针对企业办公用品设计，熟练使用 Adobe Illustrator 创作出符合企业文化与品牌形象的高品质图形元素。要求精准把握色彩搭配、构图原则及材质模拟，完成既体现专业度又具有实用性的设计方案。

（2）社会能力：培养学生的沟通与团队协作能力，准确解读企业需求，与客户有效交流，共同推进设计项目。强化学生的服务意识，使设计作品贴近用户需求，提升用户体验。培养学生职业素养，塑造良好职业形象。

（3）方法能力：鼓励学生运用创新思维解决问题，通过市场调研、竞品分析等方法，捕捉行业趋势，为设计提供灵感。引导学生掌握项目管理技巧，确保设计项目按时按质完成。培养学生的自主学习能力，不断探索数字图形在数字媒体艺术中的应用，为未来的职业发展奠定坚实基础。

学习目标

（1）知识目标：理解数字图形在数字媒体艺术中的应用范畴，掌握企业办公用品设计的基本理论知识，包括 VI 系统、色彩心理学、排版技巧等，以便在设计中采用专业视角与理论支撑。

（2）技能目标：熟练运用 Adobe Illustrator 图形设计软件创作符合企业形象的办公用品设计，掌握图形绘制、色彩搭配、布局规划等技能。提升市场调研能力，能够分析竞争对手的设计，结合企业需求，创新设计思路。

（3）素质目标：培养良好的团队合作精神与沟通能力，能够在设计过程中积极协作，共同解决问题。强化客户服务意识，确保设计作品满足市场需求。注重职业道德的培养，塑造良好的职业素养。

教学建议

1. 教师活动

（1）展示优秀的企业办公用品设计案例，引导学生理解数字图形在其中的应用价值，激发学生的学习兴趣和创作欲望。

（2）系统介绍企业办公用品设计的基本理论知识，包括 VI 系统、色彩搭配原则等，为学生后续的实践操作打下坚实的理论基础。

（3）利用设计软件现场演示企业办公用品的设计流程，从创意构思到图形绘制、色彩调整、布局规划，直至最终完成设计稿，让学生直观感受设计过程。

（4）为学生分配设计任务，设定企业背景与需求，提供必要的指导与建议。定期检查学生的设计进度，及时纠正错误，引导学生深入思考与创新。

（5）组织作品展示与评价活动，对学生的设计作品进行全面评估，指出优点与不足，提出改进建议。同时，鼓励学生之间相互评价，促进交流与学习。

2. 学生活动

（1）根据设计任务，自主搜集相关企业资料、行业趋势、竞品信息，为设计提供灵感与数据支持。

（2）结合企业需求，进行头脑风暴，形成初步的设计方案，不断完善设计思路。

（3）运用所学知识进行企业办公用品的设计实践。注意细节处理，确保设计作品的品质与实用性。

（4）在小组内分工合作，共同完成设计任务。通过讨论与交流，提升团队协作能力，促进相互学习。

（5）根据教师的评估反馈与自我审视，对设计作品进行反思与改进；总结经验教训，提升设计水平。同时，积极参与作品展示与评价活动，勇于表达自己的见解与创意。

一、学习问题导入

数字图形在数字媒体艺术中有大作用，它们可以点亮企业的办公用品，让每一个小物件都成为公司形象的闪亮名片。

想象一下，你是树智媒体公司的一员，每天使用的笔记本封面、鼠标垫甚至是水杯上，都有着精心设计的数字图形，它们不仅美观大方，还巧妙地传达了公司的文化理念和技术特色。这样的办公用品，是不是让你在公司里工作时都多了几分自豪和归属感呢?

那么，问题来了：如果我们要为树智媒体公司设计一套这样的办公用品，我们应该从哪些方面入手？如何利用数字图形的魅力，让办公用品既符合公司形象，又能吸引客户和员工的目光呢？接下来，我们就一起进入今天的学习之旅，揭开数字图形在企业办公用品设计中的神秘面纱。

首先，我们要明确数字图形在数字媒体艺术中的核心地位。数字图形，顾名思义，就是利用数字技术和软件创作出来的图形图像。它们不仅具有传统图形的表现力，更因为数字技术的加持，而拥有了更加丰富的色彩、更加精细的纹理和更加动态的效果。

在企业办公用品设计中，数字图形的应用可以说是无处不在。从简单的 LOGO 设计到复杂的图案装饰，从平面的印刷品到立体的产品包装，数字图形都能发挥巨大的作用。它们可以帮助企业塑造独特的品牌形象，传达企业的文化理念和价值主张，同时也能够提升办公用品的实用性和美观性。

以树智媒体公司为例，在设计其办公用品时，我们可以从以下几个方面入手。

品牌识别性：首先，要确保设计的数字图形与树智媒体公司的品牌形象保持一致，包括 LOGO 的使用、色彩搭配、字体选择等方面。这些元素的统一设计可以强化品牌识别性，让人们在看到这些办公用品时，立刻就能联想到树智媒体公司。

功能性：办公用品不仅要美观，还要实用。在设计时，我们要充分考虑办公用品的使用场景和功能需求，比如，笔记本封面要耐磨耐脏；水杯要易于清洗且保温性能好；文件夹要方便整理和携带等。数字图形的设计要服务于这些功能需求，而不是与之相悖。

创新性：在保持品牌识别性和功能性的基础上，我们还可以通过数字图形的创新设计来吸引人们的眼球，将公司的核心业务以图形化的方式融入设计中。这些创新的设计元素可以让办公用品更加生动有趣，同时也能够提升品牌形象和知名度。

可持续性：在当今社会，可持续性已经成为一个重要的议题。在设计办公用品时，我们也要考虑环保和可持续性。比如，选择可回收或生物降解的材料；或者在设计时减少不必要的包装和浪费等。数字图形的设计也要与这一理念相契合，传递出企业对于环保和可持续性的重视。

通过以上几个方面的综合考虑和精心设计，我们可以为树智媒体公司打造出一套既美观又实用、既符合品牌形象又具有创新性的办公用品。

二、学习任务讲解

以光盘和工作证这两个具体物品为例，我们可以从以下几个方面入手进行设计。

（一）设计思路

1. 光盘设计思路

（1）品牌融入：光盘的封面是展示品牌形象的重要窗口，可以将树智媒体公司的 LOGO 置于封面中心位置，采用简洁而醒目的设计，确保其能够在不同距离下被清晰辨认。同时，围绕 LOGO 可以设计一系列与公司主营业务相关的图形元素，如传媒符号、创意光芒等，以体现公司的行业属性和创新精神。

（2）色彩搭配：色彩是情感传达的桥梁。根据树智媒体公司的品牌色或行业特点，选择合适的色彩搭配方案。例如，如果公司品牌形象偏向于现代、科技感，可以选用蓝色、银色等冷色调；如果偏向于创意、活泼，则可以考虑使用橙色、黄色等鲜艳色彩。色彩的选择应与公司文化和产品定位相契合。

（3）创意图案：利用数字图形技术，在光盘封面上设计一些具有创意的图案或纹理。这些图案可以是抽象的图形、动态的数据流或是与公司项目相关的象征性图像。它们不仅能够增加光盘的观赏性，还能让受众在视觉上留下深刻印象。

（4）信息呈现：光盘作为存储媒介，其封面上的信息呈现至关重要。除了基本的 LOGO 和公司信息外，还可以根据需要添加项目名称、版本号、制作日期等必要信息。这些信息的排版应清晰有序，避免过于拥挤或杂乱无章。

2. 工作证设计思路

（1）安全性与识别性：工作证作为员工身份的象征，其安全性与识别性是首要考虑的因素。可以采用带有防伪功能的材质或设计元素（如水印、微缩文字等）来确保证件的真实性和不可复制性。同时，证件上的信息（如照片、姓名、职位、工号等）应清晰易读，便于快速识别。

（2）品牌元素融合：将树智媒体公司的品牌元素巧妙地融入工作证设计中。例如，可以将公司 LOGO 作为证件的主要设计元素之一，通过调整大小、色彩和位置等方式来突出其重要性。此外，还可以考虑在证件边缘或背面添加公司的口号、愿景或核心价值观等文字内容，以增强员工的归属感和责任感。

（3）材质与工艺：选择合适的材质和工艺也是工作证设计中的重要环节。可以根据公司的定位和预算选择不同材质的工作证（如 PVC、金属等），并采用相应的工艺（如烫金、压纹等）来提升证件的档次和质感。同时，也要考虑证件的耐用性和便携性，以便员工在日常工作中携带和使用。

（4）个性化与创意：在满足基本功能需求的基础上，还可以考虑在工作证设计中加入一些个性化或创意元素。例如，可以根据员工的岗位特点或兴趣爱好设计不同的图案或颜色；或者利用 AR 技术将工作证与公司的数字化平台相结合，实现员工信息的快速查询和更新等功能。这些创新的设计元素不仅能让工作证更加有趣和实用，还能提升公司的整体形象和品牌形象。

（二）综合技能实训

（1）首先完成光盘设计。光盘常用的制作工艺是直接喷上图案，然后贴光盘贴。光盘的设计案例如图 6-68 所示。

（2）了解光盘的实际尺寸，常规尺寸有两种，如图 6-69 所示。

（3）按 Ctrl+N 组合键，新建一个文档，宽度为 150 mm，高度为 150 mm，颜色模式为 CMYK，单击“创建”按钮。参数设置如图 6-70 所示。

（4）填充颜色为 C=0%、M=0%、Y=0%、K=10%，按 Ctrl+2 锁定，然后选择椭圆工具，按住 Shift 键绘制正圆，按 Ctrl+C 键，然后按 Ctrl+F 键原位复制两次，分别调整圆形的尺寸为 118 mm、

图 6-68　光盘设计图

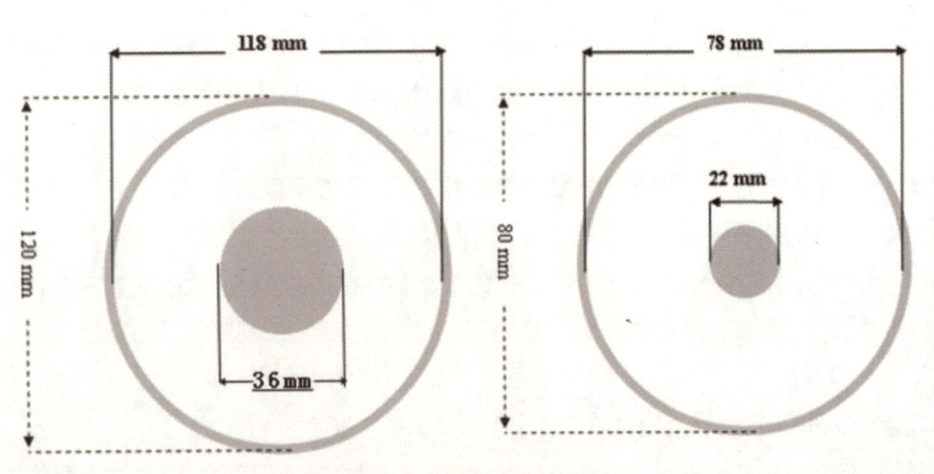

图 6-69　两种不同的光盘尺寸

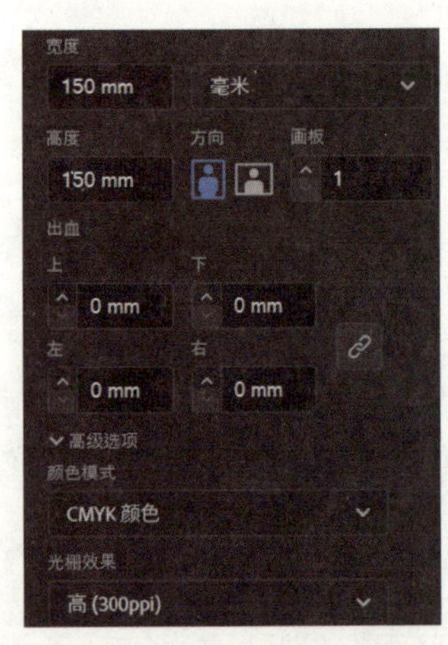

图 6-70　文档参数设置

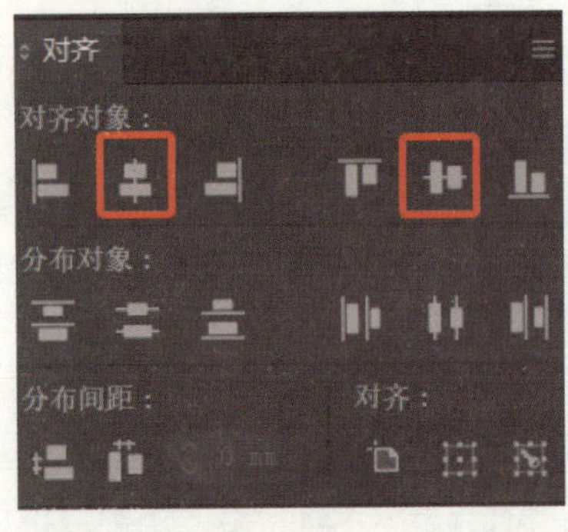

图 6-71　水平居中对齐、垂直居中对齐

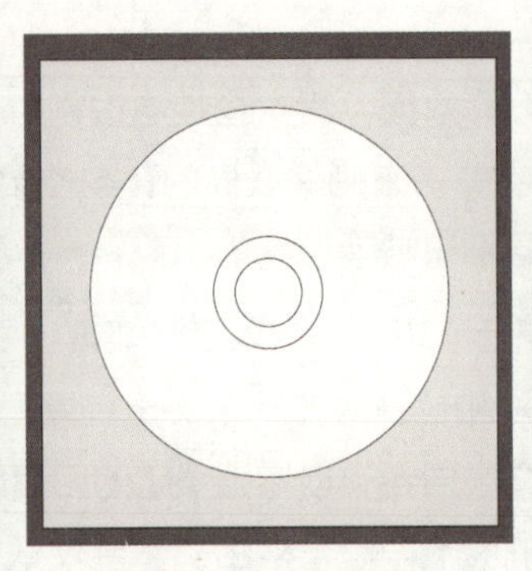

图 6-72　绘制圆形

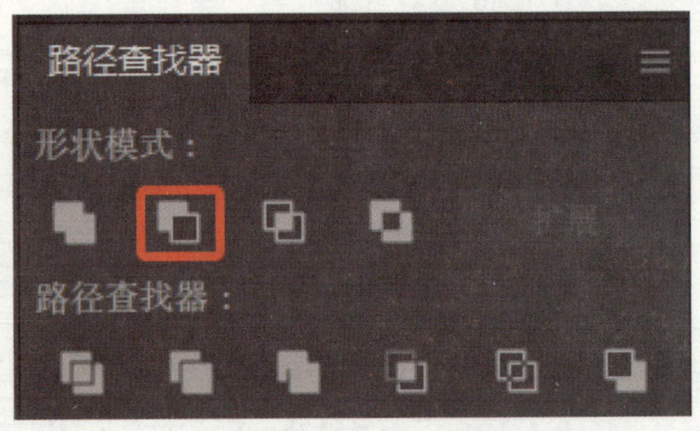

图 6-73　减去顶层

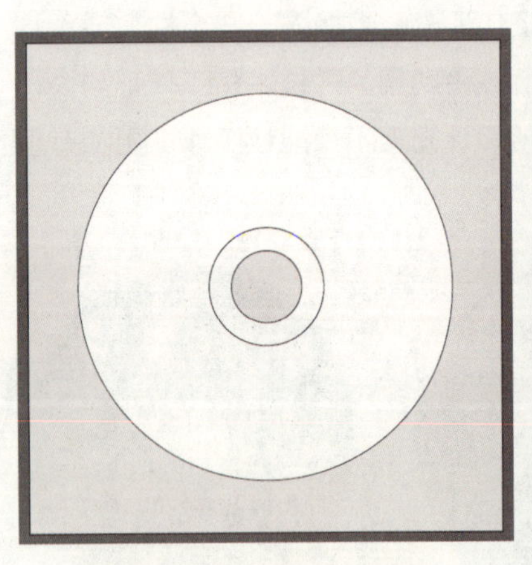

图 6-74　光盘镂空处理

图 6-75　图案元素填充光盘

36 mm、22 mm。然后同时选中三个圆形，利用对齐功能，进行水平居中对齐和垂直居中对齐，如图 6-71、图 6-72 所示。

（5）将最中心的圆进行镂空处理，先选中最大的圆形和最小的圆形，点击窗口—路径查找器，选择减去顶层，如图 6-73 所示，然后右键单击剪出来的图形，排列—后移一层，效果如图 6-74 所示。

（6）利用剪切蒙版的方法，把本项目学习任务三设计的宣传页元素填充到光盘封面，统一设计元素，如图 6-75 所示。

（7）下面开始工作证的设计制作。工作证的尺寸有多种，对于印刷制作而言，如图 6-76 所示的五种尺寸比较容易裁切制卡，能节省时间，快速出货。

（8）四种常用工作证厚度为 0.84 mm、1 mm、1.5 mm、2.5 mm，如图 6-77 所示。薄一点的成本比较低，厚一点的成本会相对高一点。厚度一般随着尺寸变化，特殊厚度也可以定制。

（9）PVC 工作证有三种常用材质：①亮面膜，光亮，有光泽，手感光滑；②磨砂膜，有磨砂颗粒质感；③亚面膜，沉稳低调无光泽，如图 6-78 所示。

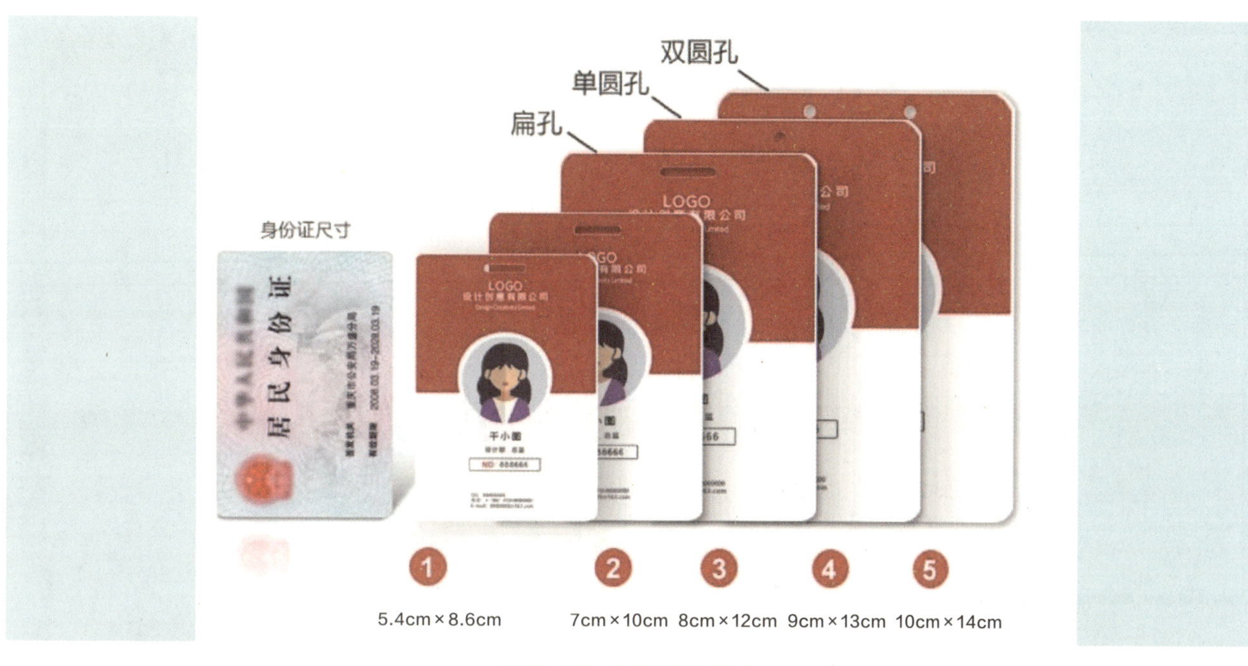

图6-76　五种常用尺寸

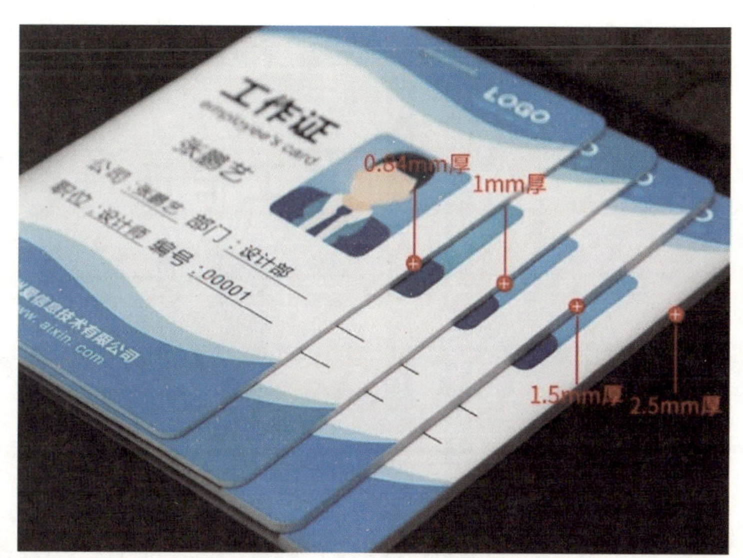

图6-77　四种常用工作证厚度

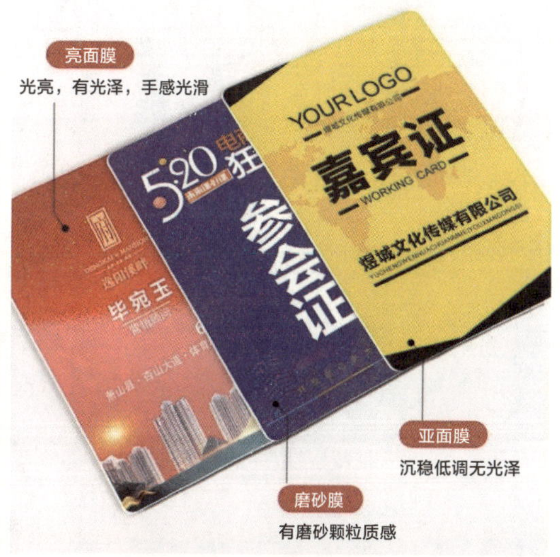

图6-78　PVC工作证材质

（10）按 Ctrl+N 组合键，新建一个文档，宽度为 176 mm，高度为 250 mm，取向为竖向，颜色模式为 CMYK，300 ppi，单击“创建”按钮。参数设置如图 6-79 所示。然后新建 95 mm × 140 mm 的圆角矩形，效果如图 6-80 所示。

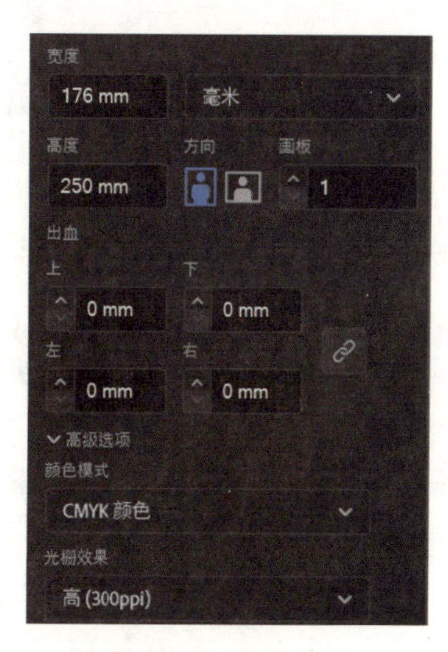

图 6-79　新建文档

（11）根据本项目学习任务三绘制的孟菲斯风格的图案，选取部分图案填充后，再建立剪切蒙版，如图 6-81 所示。然后新建 82 mm × 125 mm 的白色无边框矩形，居中放置在上面图层，效果如图 6-82 所示。

（12）导入树智媒体公司 LOGO，调整大小，如图 6-83 所示。中文选择等线体，Bold，大小为 12.5 pt；后方英文选择等线体，Light，大小为 9 pt，输入文字，然后微调行间距 24 点，调整好位置。效果如图 6-84 所示。

图 6-80　新建圆角矩形

图 6-81　填充图案

图 6-82　新建图层

图 6-83　导入 LOGO

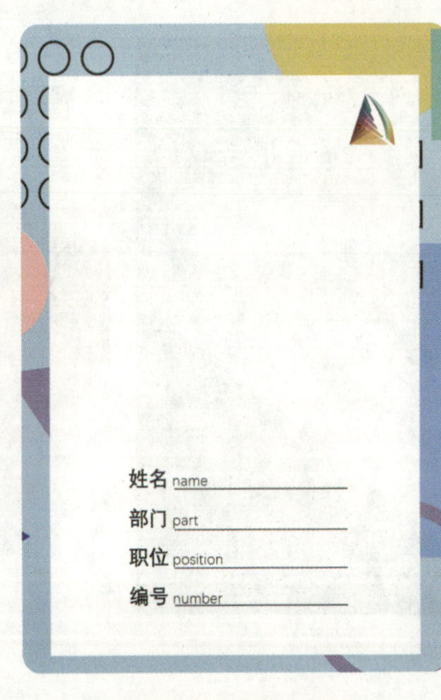

图 6-84　输入文字

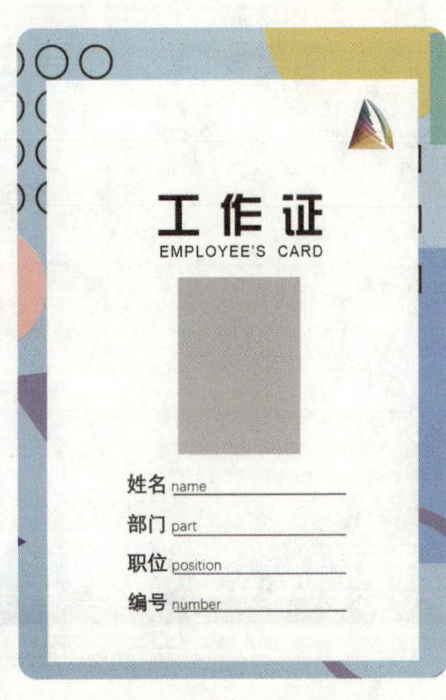

图 6-85　照片、文字设置

（13）使用矩形工具，新建 27 mm × 38 mm 的灰色矩形（一英寸照片），摆放在工作证白色矩形中；然后使用汉仪综艺体简字体（厚重的字体）输入“工作证”，最后输入英文“EMPLOYEE’S CARD”，效果如图 6-85 所示。

（14）使用圆角矩形工具，制作开口效果。先绘制小的白色圆角矩形，尺寸为宽 30 mm、高 2 mm，放置在上方居中位置。然后加上描边大小为 0.5 pt，宽 13 mm、高 8 mm 的白色矩形。上方绘制宽 13 mm、高 9 mm 的矩形，选择渐变工具，制作金属挂件部分，填充颜色选择 C=0%、M=0%、Y=0%、K=30%，制作渐变效果。设置如图 6-86 所示，最终上方的开口效果如图 6-87 所示。

（15）使用矩形工具，绘制宽 13 mm、高 19 mm 的矩形，填充颜色为 C=70%、M=75%、Y=0%、K=0%，然后右键单击图形，执行变换—倾斜命令，水平倾斜 35°，如图 6-88 所示。

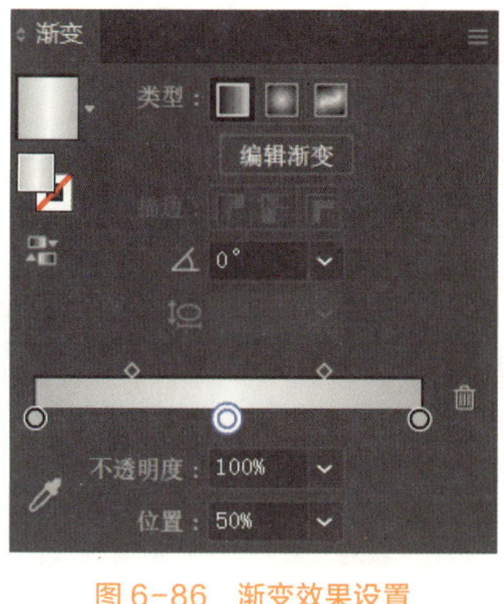

图 6-86　渐变效果设置

图 6-87　上方的开口效果

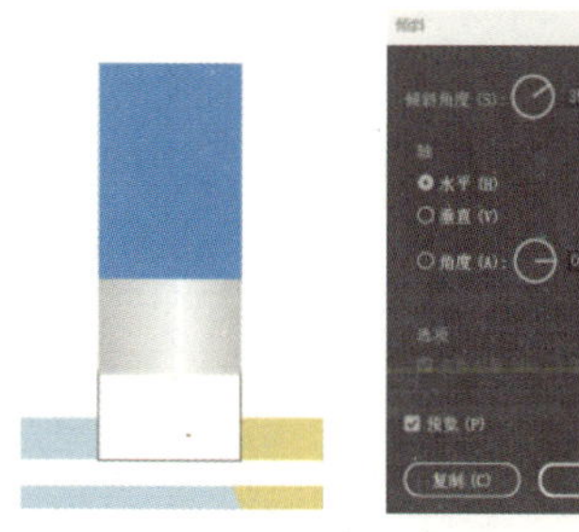

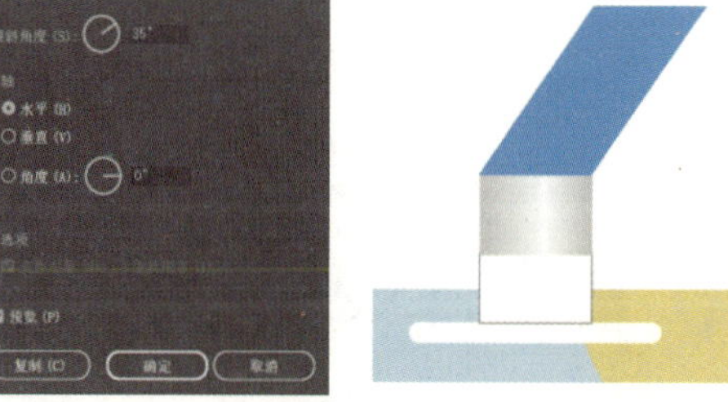

图 6-88　制作挂绳

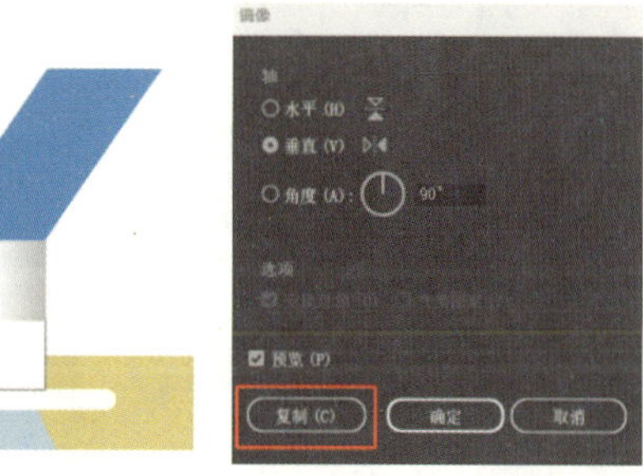

图 6-89　复制挂绳

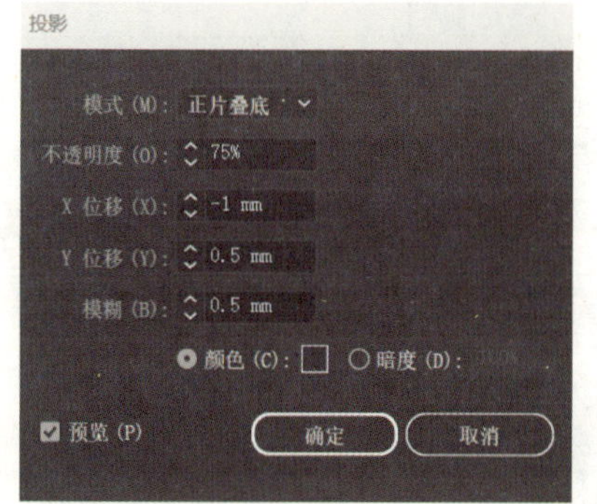

图 6-90　投影参数设置

图 6-91　挂绳效果图

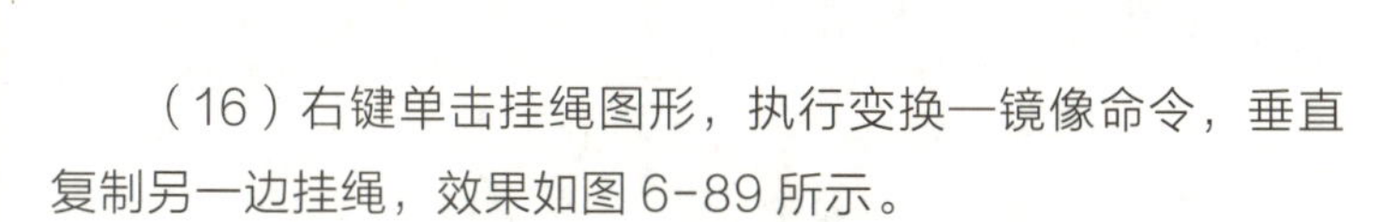

（16）右键单击挂绳图形，执行变换—镜像命令，垂直复制另一边挂绳，效果如图 6-89 所示。

（17）调整挂绳顺序，右边挂绳在最上面一层。为挂绳添加投影，执行效果—风格化—投影命令，投影模式为正片叠底，不透明度为 75%，X 位移 -1 mm,Y 位移 0.5 mm，模糊 0.5 mm，投影颜色为 C=76%、M=67%、Y=64%、K=24%。参数设置如图 6-90 所示，最终效果如图 6-91 所示。工作证最终效果如图 6-92 所示。

图 6-92　工作证效果图

三、学习任务小结

本课以树智媒体公司为例，深入探讨了数字图形在企业办公用品设计中的应用，重点完成了光盘与工作证的设计。通过实践，我们掌握了数字图形设计技巧，如色彩搭配、图形元素创意组合等，确保设计既符合企业品牌形象，又具备实用性和美观性。同时，学习了设计软件的操作技巧，提升了设计效率与精准度。本次任务不仅加深了我们对数字媒体艺术的理解，也锻炼了我们的创新思维与实际操作能力。

四、课后作业

为了巩固所学知识并进一步提升实践能力，请同学们完成图 6-93 所示的工作证设计。

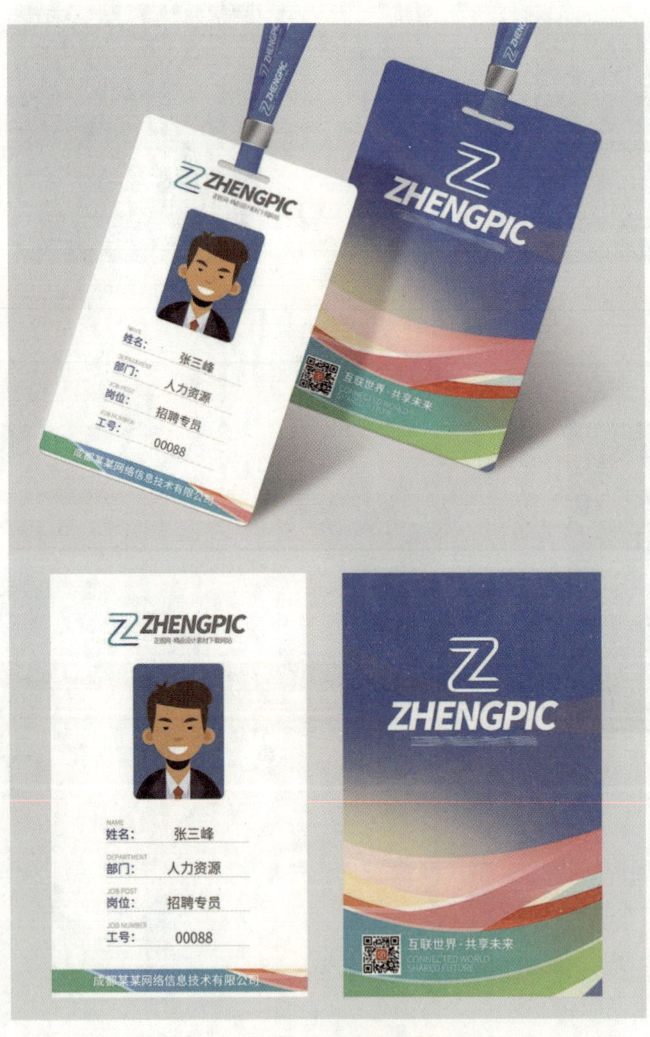

图6-93　工作证效果图

项目七
AI 在数字媒体中的应用

学习任务一　AIGC 平台介绍

AIGC 平台介绍

教学目标

（1）专业能力：学生应了解 AIGC 文生图技术的基础原理和实现 AI 绘画的方法。熟练掌握利用 AIGC 文生图相关平台和工具进行图像生成的技能。学生应能够运用 AIGC 技术将自己的创意想法转化为图像作品。

（2）社会能力：在团队环境中，学生应学会有效地与他人沟通，协作完成图像生成项目。学生应了解并尊重版权法，认识到在创作过程中保护知识产权的重要性。

（3）方法能力：学生应能够运用 AIGC 技术培养自身的观察能力，注意设计细节，确保上色效果的精确性和美观性，提升作品的视觉吸引力。学生应培养批判性思维，评估生成图像的质量和适用性。学生应学会研究，包括资料收集、分析和应用。

学习目标

（1）知识目标：熟知市场上的 AIGC 平台，对提示词格式、修饰词表达、魔法词语描述的结构以及界面参数设置功能理解到位，以辅助在实操时的应用。

（2）技能目标：了解 3 ~ 5 个 AIGC 平台，能够根据不同的项目需求，选择合适的 AIGC 平台技术生成高质量的图像。能通过提示词、修饰词、魔法词语和参数的调整控制元素、构图、配色、风格等，创造独特的设计作品。

教学建议

1. 教师活动

清晰地讲解 AIGC 的基本概念和应用原理，提供多样的案例分析，帮助学生理解 AIGC 技术在不同领域的应用和影响。通过实际操作演示，向学生展示如何使用 AIGC 平台生成图像，强调关键步骤和技巧。提供及时的反馈，帮助学生理解他们的创作在哪些方面可以改进。向学生提供必要的学习资源，包括软件工具、在线教程和参考文献。

2. 学生活动

认真聆听教师对 AIGC 理论与应用的讲解，主动探索 AIGC 绘图技术，通过实践来加深理解。尝试使用 AIGC 平台生成自己的图像作品，发挥个人创意。在每次实践活动后，进行反思和总结，识别学习过程中的收获和不足。

一、学习问题导入

AIGC（artificial intelligence generated content / AI-generated content，人工智能生成内容）一般认为是相对于 PGC（专业生成内容）、UGC（用户生成内容）而提出的概念。AIGC 的狭义概念是利用 AI 自动生成内容的生产方式。广义的 AIGC 可以看作像人类一样具备生成创造能力的 AI 技术，即生成式 AI，其具有广泛的应用前景，可以为人们提供便捷高效的绘图解决方案。图生图技术是一种强大的图像生成方法，它允许用户通过输入一张图片，生成与之相关的其他图片，而无须输入复杂的文字描述或提示。这项技术基于人工智能和深度学习算法，能够根据输入的图片生成新的图像，满足用户的各种需求，如改变图片中的背景、服装、人物动作等。AIGC 平台的出现，极大地丰富了内容创作的手段，提高了内容创作的效率，为各行各业提供了新的创作工具和方法。无论是文生图还是图生图技术，都广泛应用于娱乐、教育、虚拟现实等领域。AIGC 技术的发展为创意产业带来了革命性的变化，提高了内容创作的效率，同时也引发了关于原创性、版权和伦理等方面的讨论。随着技术的进步，AIGC 在各个领域的应用将越来越广泛，同时也需要相应的法律和道德规范来指导其发展。

二、学习任务讲解

1. 文生图和图生图的区别

1）输入与输出的不同

文生图和图生图的主要区别在于输入与输出的不同。文生图（text-to-image）是通过输入文字描述来生成图像，而图生图（image-to-image）则是通过输入一张图片作为参考来生成新的图像。这两种技术都是人工智能在图像生成领域的应用，但它们的工作原理和应用场景有所不同。

（1）文生图。

工作原理：文生图利用人工智能模型，根据用户输入的文字描述来生成对应的图像。这种技术通过深度学习算法训练模型，使其能够理解文字描述的含义，并据此生成相应的图像。

● 特点与优势：文生图能够极大地提升文艺作品的创作效率，激发灵感，帮助创作者突破创作瓶颈。它允许用户通过简单的文字描述来控制图像的生成，提供了更大的创作自由度和灵活性。

● 应用场景：文生图广泛应用于艺术创作、广告设计、产品渲染等领域，为用户提供了便捷的图像生成方式。

（2）图生图。

工作原理：图生图通过输入一张图片作为参考，生成新的图像。这种技术利用深度学习模型来学习输入图像的特征，并据此生成新的图像。

● 特点与优势：图生图在保持原始图像特征的同时，允许用户通过输入图像来控制新图像的生成，提供了更精确的图像编辑和创作能力。

● 应用场景：图生图适用于图像修复、风格转换、艺术风格转换等场景，能够帮助用户在不改变原始图像主要内容的基础上，进行细节上的调整和优化。

2）艺术创作中的应用

文生图在艺术创作中的应用主要体现在通过文字描述来生成具有特定主题或风格的图像，如通过描述一段故事情节来生成相应的插画或场景画。

图生图则更多地应用于对现有图像的优化和改造，如修复老照片、将黑白照片上色等。

综上所述，文生图和图生图各有其独特的应用场景和优势，它们共同推动了人工智能在图像生成和编辑领域的发展，为艺术家和创作者提供了更多的创作可能和便利。

2. 认识 AIGC 平台

1）Midjourney 中文站

Midjourney 的创始人是 David Holz，于 2022 年 3 月首次亮相。这款 AI 绘画工具可提供不同画家的艺术风格，例如安迪 · 华荷、达 · 芬奇、达利和毕加索等，还能识别特定镜头或摄影术语。有别于谷歌的 Imagen 和 OpenAI 的 Dall-E，Midjourney 是第一个能够快速生成 AI 图像并开放给大众使用的平台。Midjourney 中文站图标如图 7-1 所示。

图 7-1　Midjourney 中文站图标

2）Stable Diffusion

Stable Diffusion 是由慕尼黑大学、海德堡大学、Runway 的研究团队共同研发的。Stable Diffusion 是一种潜在变量模型的扩散模型，工作原理是通过模拟扩散过程将噪声图像转化为目标图像，具有较强的稳定性和可控性，可以将文本信息自动转换成高质量、高分辨率且视觉效果良好、多样化的图像。这个模型架构最初在 2022 年 8 月由 Stability AI 公司的研究人员在 Latent Diffusion Model 的基础上创建并推出。

Stable Diffusion 在日常工作中可为设计师提供脑洞大开的创意素材以及处理图像修复、提高图像分辨率、修改图像风格等，辅助实现创意落地。但由于 Stable Diffusion 是使用 Python 语言开发的，用户需要在设备上安装 Python 环境。LiblibAI 是 Stable Diffusion 的一个生态网站，用户可免费在线体验，它提供了 Stable Diffusion 模型的功能，LiblibAI 的界面设计与原生的 Stable Diffusion 基本上一样，使得用户可以方便地通过这个平台进行 AI 绘画创作。Stable Diffusion 图标如图 7-2 所示。

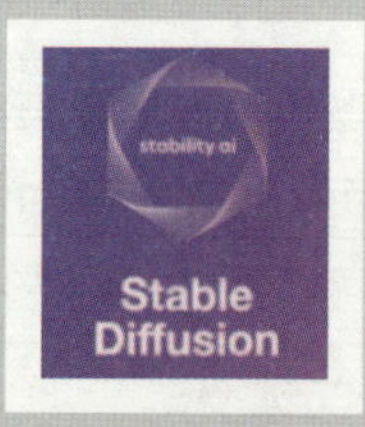

图 7-2　Stable Diffusion 图标

3）Pixso AI

Pixso AI 是一款由深圳市博思云创科技有限公司推出的设计交付一体化工作平台，它是一款在线协同设计工具，为产设研团队提供一站式白板、原型设计、UI/UX 设计、设计交付和私有化部署服务。Pixso AI 将人工智能与设计工具结合，为设计师提供了一种全新的方式来快速生成图像内容。作为一款 AI 绘画生成器，Pixso AI 利用先进的自然语言处理和图像生成算法，使设计师能够通过简单的文本描述快速生成符合需求的高质量图像。Pixso AI 图标如图 7-3 所示。

图 7-3　Pixso AI 图标

4）秒画

秒画是商汤科技旗下的 AI 绘画创作平台，在某些领域能与 Midjourney 媲美，简单易上手，可轻松定制生成图片，20 秒内生成 8 张图。其涵盖人像摄影、写实、3D、2D 四大领域，表现出色，是国产 AI 绘图产品中的佼佼者。商汤秒画支持文生图和图生图的提示方式，结合精准控制和风格模型，可随时随地生成高质量画作内容。秒画还支持英文字符生成，每天有 10 次免费使用机会，邀请任一好友注册即可获得 3 天无限出图机会。 秒画图标如图 7-4 所示。

图 7-4　秒画图标

3. 生图平台应用

1）秒画文生图应用

（1）输入描述词。

用文字描述想要创作的图像内容。图像的质量和美感与描述词的精确度和质量息息相关。通过输入反向描述词，可以规避图像创作中的一些特定元素。勾选“描述词优化”，即可根据当前图像描述词进行关键词优化和填充，从而为对于图像创作具有多样化需求的用户提供更多灵感。目前暂时只支持中文输入。秒画描述词输入界面如图 7-5 所示。

图 7-5　秒画描述词输入界面

（2）设置图片生成数量、输出分辨率。

秒画提供 1~8 张生成数量，在支持任意分 辨率的同时还提供了1 ：1、2 ：3、3 ：2 等多种预设图像比例和对应建议分辨率，也可以通过滑杆调整任意 6K 以下的分辨率。

（3）模型选择。

秒画提供了自研大模型 (Artist) 和各类社区开源模型，可根据个人喜好进行选择。

秒画属性参数设置界面如图 7-6 所示。

图 7-6　秒画属性参数设置界面

2）秒画图生图应用

秒画会根据用户上传的参考图来进行创作，图片重绘幅度越小，生成图片越接近上传的图片。这里要注意强度不能为最小，不然生成图片会跟原图基本一致。

图 7-7　添加参考图界面

（1）选择并添加参考图。

在 AI 图像生成界面点击添加图片，说明：参考图可网上搜索，也可以使用秒画的自研模型。生成参考图要求 JPG/PNG 格式，最大 5 MB。秒画添加参考图界面如图 7-7 所示。

（2）图片绘制。

①图生图。

选择参考图绘制方式（图生图、局部绘制、图片扩展），根据需求调整绘制参数，然后输入描述词（prompt），点击生成，AI 将根据你的描述进行创作。在参考图基础上，选择“图生图”，通过调整图片重绘幅度来进行控制（幅度越强，画面变化越大），然后输入描述词，如“刺绣，龙”，即可生成 AI 绘画作品。秒画图案绘制生成案例如图 7-8 所示。

②局部绘制。

在参考图基础上，选择“局部绘制”，通过“笔刷”来涂抹需要重绘的区域（可以使用“橡皮擦”进行涂抹区域的擦除），然后输入描述词，如“熊猫”，即可生成 AI 绘画作品，如图 7-9 和图 7-10 所示。

备注：图片扩展模式下，只支持单张参考图，暂不支持描述词输入。

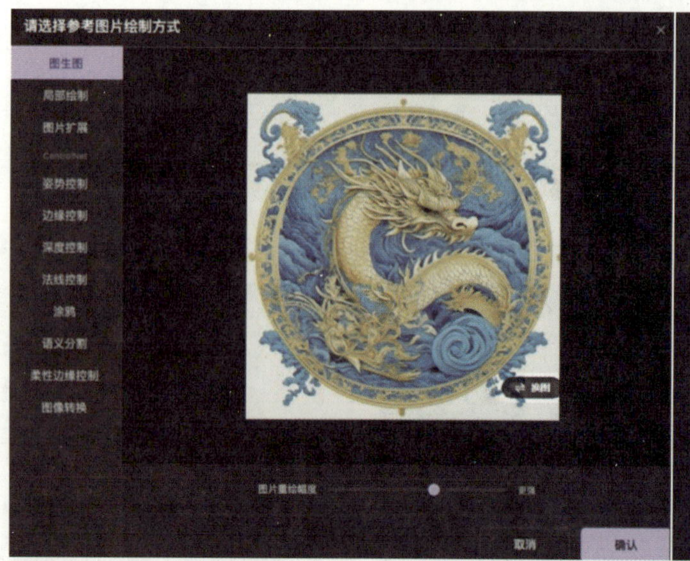

图 7-8　秒画图案绘制生成案例

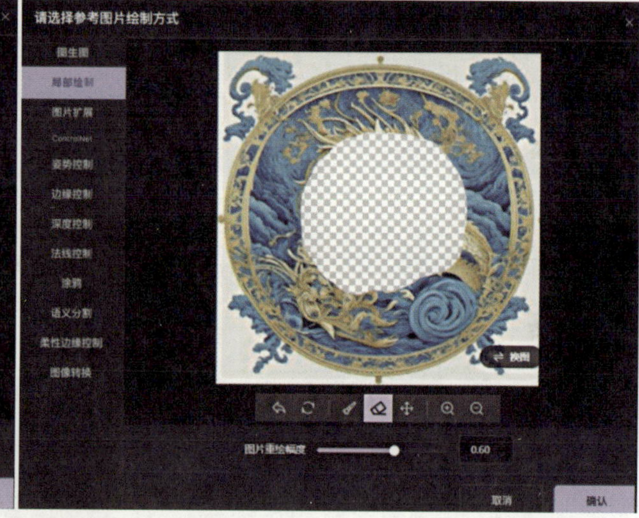

图 7-9　秒画图生图局部绘制生成过程

图 7-10　秒画局部绘制生成案例

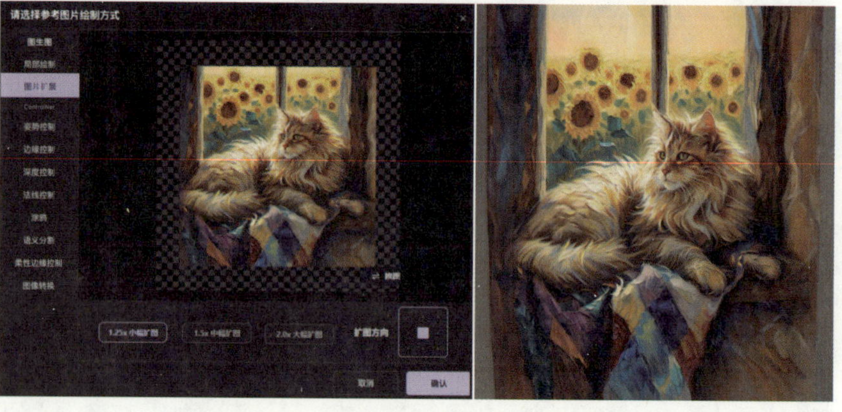

图 7-11　秒画图片扩展生成案例效果

③图片扩展。

在参考图基础上，选择“图片扩展”，再选择相应的扩展比例 (1.25 倍小幅扩图、1.5 倍中幅扩图、2.0 倍大幅扩图)，即可生成 AI 绘画作品。备注：图片扩展模式下，只支持单张参考图，暂不支持描述词输入。秒画图片扩展生成案例如图 7-11 所示。

4. 优质提词的组成

1）AI 绘画文字公式

优质图像 = 绘画对象 + 对象描述词 + 风格修饰词

● 绘画对象 = 画点什么（主要以文字描述表达）

● 对象描述词 = 长什么样（主要是用文字描述场景、道具、配饰等细节）

● 风格修饰词 = 怎么画（提升绘画质感的关键词）

2）AI 绘画实例

以绘制少女图像为例。

● 添加绘画对象的描述词：肖像，大胆的色彩，动漫少女，现代感。

● 添加绘画背景的细节描述词：傍晚的城市，橘色的天空，夕阳，落日的余晖，阳光，湛蓝的天空，微风。

● 添加提升绘画质感的关键词：清晰的细节，超级详细的插画风格，鲜艳的色彩运用，调色盘，清晰的笔触，宫崎骏风格，位图，等距艺术，高度细节的概念画，光线追踪，照明。

秒画普通提词与优质提词对比案例如图 7-12 所示。

prompt：一位现代都市少女的绘画

prompt：一位现代都市少女的绘画，肖像，大胆的色彩

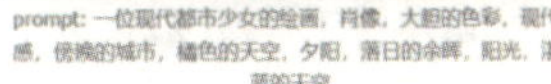
prompt：一位现代都市少女的绘画，肖像，大胆的色彩，现代感，傍晚的城市，橘色的天空，夕阳，落日的余晖，阳光，湛蓝的天空

prompt：一位现代都市少女的绘画，肖像，大胆的色彩，现代感，傍晚的城市，橘色的天空，夕阳，落日的余晖，阳光，湛蓝的天空，清晰的细节，超级详细的插画风格，鲜艳的色彩运用，调色盘，清晰的笔触，宫崎骏风格，位图，等距艺术，高度细节的概念画，光线追踪，照明

图 7-12　秒画普通提词与优质提词对比案例

三、学习任务小结

通过本次课的学习，同学们基本了解了 AIGC 文生图技术的基础原理和实现 AI 绘画的方法。熟悉了市场上的 AIGC 平台，对提示词格式、修饰词表达、魔法词语描述的结构以及界面参数设置也有了初步的了解。课后，大家要针对本次课所学知识点进行反复实践练习，做到熟能生巧。

四、课后作业

运用 AIGC 平台绘制一幅都市男孩的图像。

参考文献

[1] 朱文丽 . 图案设计与图形设计 [J]. 安徽文学（下半月），2009(6)：146.

[2] 李刚，黄文秀 . 浅析招贴艺术中图形语言的特征 [J]. 设计，2015(4)：141-142.

[3] 耿雪莉 . 图形创意 [M].2 版 . 北京：中国轻工业出版社，2016.

[4] 朱永明 . 图形语言结构研究及其现实意义 [J]. 装饰，2004(3):15-16.

[5] 焦凤 . 图形创意与应用 [M]. 沈阳：辽宁美术出版社，2016.

[6] 任留柱 . 图形创意设计 [M]. 开封：河南大学出版社，2004.

[7] 邓焱，林琳，黄继红 . 图形创意 [M]. 哈尔滨：哈尔滨工程大学出版社，2018.

[8] 高文胜 . 现代广告创意设计 [M].2 版 . 北京：清华大学出版社，2010.

[9] 高文胜 . 平面广告设计 [M]. 北京：清华大学出版社，2005.